不止于理性：

Rationality

In a Judgment and
Decision Making
perspective

判断与决策学视角下的理性论

齐 亮 —————— 著

上海交通大学出版社
SHANGHAI JIAO TONG UNIVERSITY PRESS

内容提要

本书为心理学研究成果，属于心理学分支——判断与决策学(JDM)的范畴。本书运用文学名著和一些生活中的事例，引出学术理论，从学术的角度解释不确定性与理性的关系。主要内容如下：从不确定性开始，分析人类以理性抵抗不确定性的方式和方法；从进化论的角度，分析人类通信能力和连贯能力的发展过程；从神经生物学角度，分析人类的直觉和分析能力，并介绍相关学者的研究进展。

本书适于广泛读者群体，任何对心理学、行为经济学、判断与决策学感兴趣的读者皆可阅读，有一定相关专业基础的读者会有更好的阅读体验。

图书在版编目(CIP)数据

不止于理性：判断与决策学视角下的理性论／齐亮
著. —上海：上海交通大学出版社，2020
ISBN 978－7－313－23108－6

Ⅰ.①不⋯ Ⅱ.①齐⋯ Ⅲ.①决策(心理学)—研究
Ⅳ.①B842.5

中国版本图书馆 CIP 数据核字(2020)第 051151 号

不止于理性：

判断与决策学视角下的理性论
BUZHI YU LIXING：PANDUAN YU JUECE XUE SHIJIAO XIA DE LIXINGLUN

著　者：齐　亮			
出版发行：上海交通大学出版社	地　址：上海市番禺路 951 号
邮政编码：200030	电　话：021－64071208
印　制：上海天地海设计印刷有限公司	经　销：全国新华书店
开　本：710 mm×1000 mm　1/16	印　张：11.75
字　数：149 千字	
版　次：2020 年 5 月第 1 版	印　次：2020 年 5 月第 1 次印刷
书　号：ISBN 978－7－313－23108－6	
定　价：58.00 元	

前 言 | Foreword

　　在开始写作本书的时候,我只是单纯想帮助自己认识一下"理性"这个常用但又不知到底为何物的名词。与之相关的概念,被一代又一代人提炼打磨,重新理解,因此,人们在不同的时代令其具有不同的范畴,而这些范畴之间的交叠和错位,又进一步导致了人们的相融和对立。人们前仆后继地为某一种理解相异的主义和立场呼喊,也不断地以某些理性概念为招牌来掩饰背后的情绪和需求,招揽到各类群体的背书;这些现象本身,既可能创造出一幅人类在面临不确定性时展现出来的惊恐、紧张、兴奋的全景,也可能具象化为一轴在人生长河中一次次寻求确定性时表现出来的彷徨、迷茫、错愕的长卷。

　　我们每天都面临着四处肆虐的不确定性,大到影响终身的重要抉择,小到涉及口腹的一粥一饭,我们始终期望自己能在更高的维度上俯视它们,以胜利者甚至哪怕是作为旁观者的心态进行判断与决策。

　　写作进行了一段时间后,我开始意识到,人们需要的不仅是对人生谋断的各类定义和范畴,还包括评价自己和他人谋断的标准和方法。

　　于是,我开始引入哈蒙德等判断与决策学(judgment and decision making,JDM)领域学者精炼出的方法 1 和方法 2(详见本书 1.2 节):要么用方法 1 讲事实,要么用方法 2 讲逻辑,并由此将通信和连贯这两种能力分辨开来。自理性时代以来,理性开始逐渐成为人们用来抵抗不确定性的重要工具,不管是机械的还是生态的,至少我们拥有了某种工具,不再依靠占卜和星象,赤手空拳般地与不确定性搏斗了。

讲清楚标准和方法,我觉得还不够,因为以理性为根本原则的错误行为也比比皆是,我们绝不能因为要宣扬什么就夸大什么,导致极端主义的出现。比如常常用到的最大化方案。

为了讲清楚极端的思潮并向读者做出警示,我开始诉诸对假阴和假阳错误的折解(详见本书 1.3 节),提醒读者其实还有很多更好的方案来应用理性。

更好地应用理性,当然也不仅仅局限在"如何规避最差的结局"的层面,最好还要深入到"为什么理性之为理性"这个层面。所以我从语言入手,从人类思维的分类和类推机制上解释信息收集和传递对人类生存的重要意义。

由此,不管是在牛顿式机械的还是布式生态的理解上,人类都开始弱化对理性的偏执,明白我们有时需要欢迎不确定性,甚至要理解我们之前已经表现出来却未曾意识到的对不确定性的高接受度。

从这个角度来说,我们又可以回过头来重新理解抵抗不确定性的方式,从与生存息息相关的信息入手,我一直推到了源于不确定性的多因生多果导致的因果模糊性。

接下来,我就可以从进化论对人类感知的影响层面上帮助读者分析多重可疑指示物的特殊意义了。在我讲完人类大脑的框架和结构之后,读者就可以更加明确独立且汇聚指示物的关键作用,并在坚定对科学的信心的同时,淡化对传统因果论的执念。

这是一个缓慢且有可能让人感到一丝痛苦的过程,因为不同的反馈过程影响了不同能力的发展水平。正因为人类对连贯能力的出现既感到惊奇又没有太多的掌控经验,我们才一次次地走到错误的道路上去。

那么,我不得不开始把当下关于科学理论的进展作为解释的重点,以免读者又一次陷入如同对理性的执念那般地对连贯能力的新执念中。常识不重要,信念不重要,人只不过是人之进化历史的囚徒,总是离不开对那段历史的古老主体的依赖。

那个古老的主体,就是直觉,而晚近出现的理性和连贯能力,都对应着不容易学习又不容易使用的分析。原来直觉只是简单的加法,而世俗的分析,哪怕需要人们冒着理性至上主义和依赖连贯性产生的重大风险,也是值得信赖的理性获取途径。

写到这里,我终于可以介绍传统的判断与决策学科了。大师们为判断与决策理论进行了背书,而我们也正沿着大师们的脚步,为他们的深刻理解做着一批批的新注解。

对于本书最后的章节,我觉得许多读者是可以略读甚至跳过的,因为正如我在书中暗示的那样,与生存无关的,都未必值得追究。

我在介绍判断与决策学相关的三类问题和三类模型时,并没有把大量的篇幅用在教科书般的公式和原理上,而是以战战兢兢的心态,小心翼翼地为读者区分价值判断和工具理性之间的差异。

读到这里,我想大部分读者似乎都觉得我在本书中没有表明自己的强烈立场。我不敢也不屑于权因自己在JDM领域里钻研就宣扬JDM的主流立场。在我看来,特&卡无所谓对错,吉仁泽无所谓是非,我宁愿谦逊一点,稍显冷漠一点,看似无情地站在工具理性的角度,将自己和本书的任务集中在"展现"和"提醒"的范围内,免去承担"呐喊者"的义务。

之所以会这样做,一方面是因为我认同自己在书中所强调的"现阶段的真理",同时我也希望读者朋友们警惕各种极端立场。买镜子的人,若自己嘴角上总是带着没有擦掉的饭粒,总是给人一种非常扭捏的自卑感。另一方面是因为我在本书开头就提到了不确定性的威力,以及理性概念的模糊性。既然到头来我也只是退步到只敢在划清学科界线后才摘下面具露出工具理性这一侧之面目的程度,总不可能在最后阶段壮起胆来把自己打扮成一个先锋战士。

这只是一本小册子，我试图以蜻蜓点水的"优雅"方式向读者推介判断与决策学这一在国内尚未有多少人知晓的学科，并在其中掺点一些我自己的思考。浅尝辄止，让人留有余念，这才是一本非教科书式的论著正确的结束方式。

齐　亮

2019 年 12 月于上海

目 录 │Contents

第4章 判断与决策的方法论 / 145

为什么规范性模型是合理而值得重视的？此中的原因，听起来似乎稍显霸道：因为人类为自己强加了一种分析框架。

谨以此书
献给我的太太陈娟然女士

不确定性既不可避免，又无处不在。

　　昨天你盖了一座坚固的堤坝，号称能抵抗百年不遇大洪水，可如果老天爷心情不好，制造出万年不遇的大洪水，你就根本无从预测，也无法应对。逻辑所能体现的，是老天爷出 1，你也出 1，老天爷出 100，你也出 100，你能一直跟老天爷应对下去，于是我们就可以认定你至少没有输。而不确定性则意味着，老天爷根本不管刚才那一套，突然打出 100 000，你硬着头皮好不容易也打出了 100 000 时，老天爷改变了规则和标准，非说你必须上翻 3 倍才不算输，你也许正准备质询对方要赖，老天爷此时竟然就掀桌子不玩了，而且判你输！

第 1 章
不确定性带来的挑战

1.1　何谓不确定性

凡人皆盼万事**确定**,所以从古至今世界各地都有属于自己的各种预测**确定性**(certainty)的活动。从占卜算命、八卦紫薇,到水晶占星、伏都巫咒,各民族似乎都能开发出一整套看似值得深信的理论来保证确定性的存在,但又似乎无法相互说服。比如,一个非常相信阴阳风水的韩国人,在"应该把鱼缸放在距离泳池更远还是更近的房中"这类问题的争论中,总是很难胜过一个坚信魔力 8 号球①神奇能力的阿根廷人。我曾故意要求一位美国朋友向中国学生打听十二生肖中具有的禁忌,但很显然,出生于 1991 年的这位美国朋友,认为"属羊的人往往命不好"的说法非常荒谬。

在历史很长的一段时间里,全世界的人们都是在**不确定性**(uncertainty)的统治下得过且过,在做决定的时候,大家也都一直不曾重视与其相关的不确定性。

---

①　魔力 8 号球(MAGIC 8 BALL),一款基于三维物理的娱乐应用,有人用来回答生活中的复杂问题,借助它做决定。

直到差不多四百年前，世界上的大多数人还满足于用自身的**本能**(instinct)来面对日常生活中的不确定性。以时有一群数学家站了出来，开始用后来被称为**概率论**(theory of probability)的方法来应对他们在欧洲各国赌场里遇到的不确定性问题。突然间，人类似乎配备了某种武器，可用以取代占卜算命之类的方法，具有了某种"先知"的能力。

但是，许多人又开始怀念当初得过且过的日子了。在此姑且称他们为**"不确定性的爱好者"**吧！"不确定性的爱好者"常常会提出如下的问题：如果一个人能够确定万事万物未来的状态，那么，当他知道明天必然会购买什么物品，下周必然会获得什么工作，死前必然会患有什么疾病，即生命中所有的事情都确定无比时，他还能对自己的人生提得起兴趣吗？或者说，他是否还会认为自己应该努力去过此一生？进一步说，若是人人都过着一眼就能望到尽头的日子，人生又有什么意义？

在日常生活中，也有不少人会有不同意见。在此姑且称之为**"不确定性的厌恶者"**。喜欢看电视剧的"不确定性厌恶者"们，会很容易想到那些以现代人为主角的穿越剧，并幻想自己能变成穿越剧里的主人公，在手中已知的情况下，顺风顺水地走向成功。但是请注意，穿越剧剧本中隐藏着一个细节不确定的条件，或者说，剧本中是不存在确定性的完全覆盖的。就算主人公穿越之前已经从历史书中得知"清嘉庆皇帝登基之后，会处死乾隆的宠臣和珅"，可无法确定的是"和珅的最后一位小妾的父亲在和珅上吊那一天夜里到底在不在家"。如果穿越后主人公的角色是一个神偷，那么这条信息也许就是有用的。也就是说，穿越剧令观众们感到有兴趣的原因，就在于即便剧中人物身处总体确定的大框架下，仍具保留各种细节不确定的故事推进可能性。

厌恶者们永远无法反驳爱好者们的质疑：确定性令人安心而自信，而不确定性令人生充满惊喜和乐趣，并能给人不断探索的勇气。

确定性，少则使人惶恐，多则令人乏味。反过来，不确定性，多则使人

惶恐,少则令人乏味。为了展现不确定性的作用,我们来看看历史小说《巨人的陨落》中的一个片段:

> 一战爆发之前,英国女士茉黛还没有向家里人公开自己与德国男人沃尔特的关系。剧院里正在上演《唐璜》,茉黛所在包厢的后排只有两个视角较差的座位,她的哥哥就坐在前面,而茉黛和沃尔特便在黑暗中偷偷地坐了下来。
>
> ......
>
> 没人跟茉黛或沃尔特说话,甚至都没往他们这边看,茉黛心中暗喜,打算好好利用一下这个机会。她大着胆子,悄悄去摸沃尔特的手。他笑着,用拇指肚抚弄着她的手指。她真的希望能吻他,但这样做太鲁莽了。
>
> 采琳娜用感伤的八分之三拍子唱出咏叹调《要是你乖乖的》,一种不可抗拒的冲动诱惑着茉黛,当采琳娜把马赛托的手按在自己心口上时,茉黛把沃尔特的手放在她的前胸。他不由自主地喘着气,但没有人注意,因为马赛托也在发出类似的声音,他刚被唐璜痛打了一顿。[①]

我很难确定读者看了上面这一段以后,会怎样看待整个过程中茉黛和沃尔特面临的可能会被他人发现的不确定性。这种不确定性到底扮演了怎样的角色?是让两人更兴奋,还是更害怕?如果多年后他们再聊起这段时光,是赞叹不确定性做出的贡献之大,还是会因为头上悬吊之利剑般的不确定性而感到后怕呢?不确定性,对人类来说,到底是好事还是坏事,似乎特别难以判断。

---

① 肯·福莱特.巨人的陨落:第一卷[M].于大卫,陈杰,译.南京:江苏凤凰文艺出版社,2016.

这里我所提到的**判断**(judge)，在文中其实只是判定对错的意思。如果我们深究这个词，就会发现它的含义十分丰富。判断的含义和范围，不管是在英语还是汉语中，都是比较复杂的。在汉语中，"判断"本身既是动词又是名词；而在英语中，judge 是动词，其名词为 judgment 或 judgement。judgment 在美式英语中更常见一些，《韦氏词典》(美国人的《新华词典》)就明显更青睐省略了一个字母 e 的拼法。鉴于许多美国专家都采用这种拼法，而判断学研究的主流学者又主要集中在美国各大学之中，因此我在本书中就使用 judgment 作为判断动词 judge 的名词形式。

我们常说大家的**判断力**(judgment)有高低之分，是指不同的人之间，能否敏锐地评估环境及条件并得出结论的能力往往存在差异。单就 judgment 这个名词来说，其含义也比较复杂。人们日常使用 judgment 时，常常指的是"评价或判定一个人、一件事、一种情况的行为"本身。我们在汉语中直接译为"判断"或"判断行为"。而当我们所指的是"敏锐地评估环境及条件并得出结论的能力"时，其对应的汉语应为"判断力"或"判断能力"。而当学术研究人员使用 judgment 一词时，它还特指完成一次决策或得到一个结论的认知过程，但对于该释义，汉语中没有含义完全相同的词，因此我将其用"判断"一词笼统地代替，或将其翻译为"判断过程"。

影响人类判断力的因素有很多，最大的障碍就是不确定性。法国著名的数学家、物理学家和哲学家布莱兹·帕斯卡(Blaise Pascal)曾说过，感性认识属于判断力，而科学属于理解力[①]。显然，他认为前者推到极致即为直觉，后者最终会推向数学。当然，数学只能代表理解力的一部分，单就理解力来说，帕斯卡认为至少可以分为两种。一种是强而窄的理解力，是依据较少的前提进行敏锐推导的能力，即精准推导能力，属于逻辑

---

① Pascal B. Thoughts, letters, and minor works[M]. New York: Cosimo Classics, 2007.

学;另一种是广而弱的理解力,是依据大量前提条件推导出结论的能力,即领悟概括能力,属于统计学。帕斯卡认为,既然是偏向感性的、直觉的,那判断力必然受到主观或客观的制约①。当然,在学者们看来,**判断**又与英语世界中常说的**选择性决策**(choice)有所不同,判断指的是将所提供选项的信息进行辨别和分类,其实更符合口语中"判定对错"的含义。

或许有人自称理智而冷静,认为主观意义上的不确定性相对容易克服,但客观环境上的不确定性是无法由人控制的——这才是致命的不确定性之所在。有个节肢动物学家曾说,我们人类活在蜘蛛的网络里,平均每个人在其身体 5～10 米范围之内就至少有一只蜘蛛②。看到这类信息,读者们也许会感觉不太舒服。但根据微生物学家的研究,人类始终活在细菌和病毒的海洋里,即使你被整体消毒并送往外太空之后,也不可能挣脱上岸。肠道和血液里有数不清的微生物,而且它们的数量永远与人类不在一个数量级上。我们永远不知道蜘蛛会在何时突然映入眼帘,也不知道下一次意识到病菌的存在时,我们是正在拉肚子还是流鼻涕。

不确定性无法克服,却又无处不在。在古希腊先哲们看来,经验世界是充满了不确定性的,真正的理性才会永恒不变;追求变化背后那不变的东西,就是追求柏拉图(Plato)所谓的**理念**;追求这种永恒的理念,就是西方理性主义传统追求确定性的动力。所谓的科学和知识,本质都是确定性的。获得知识就是获得自由,因为获得了永恒的理念。可是当我们翻开浩瀚的史书就会发现,人的判断时对时错,后人很难还原历史的真相。历史事件中的当事人,到底是因为判断正确而获得了成功,还是实际上判断失误却因为有着好运气而获得了成功? 要复原历史的真实面貌,总是会遇到重重障碍。历史学家们研究了大量史料尚无法窥视真相的十之一

---

① 李纾.决策心理:齐当别之道[M].上海:华东师范大学出版社,2015.

② 关于这一论点的细节,可参见 Rod Crawford 在美国伯克博物馆官网上发表的博客,Myth: you're always within three feet of a spider,网址为 http://www.burkemuseum.org/blog/myth-youre-always-within-three-feet-spider.

二，那老百姓的平常事，我们更是难以知晓真假对错。百姓家事无人记录、分析、考究，多数情况下只有当事人自己明白来龙去脉，而当事人也常常受制于记忆、立场、情绪以及"当局者迷雾"的深层干扰，很难打破不确定性这个魔咒。"千里马常有，而伯乐不常有"，"世人笑我太疯癫，我笑世人看不穿"，这般的感慨与无奈，总是不可避免的。

1.2　如何对抗不确定性

1.2.1　理性

1) 理性的力量

要深入探讨人类的判断，必须要考虑**理性**（rationality）的作用。简单地说，理性就是根据评价行为结果的某些价值系统来选择偏好的行动方案[①]。注意，我在此对"理性"的定义，并非"真理"。此处"理性"所需的前提条件很简单，就是**双方都认可**，颇似"公理"。中国人一般把"理性"当成日常生活中对他人讲道理或劝说他人时才使用到的词汇，其实理性还是抵抗不确定性的有力武器。

这个武器出现的时间远比概率论要早，至少从五千年前就出现了，并且延续至今。古时希腊政客在热情的演说中就喜欢诉诸理性，中国历代朝臣在上奏的折子里也喜欢诉诸理性。到了现代，许多风险投资行业的老板也喜欢使用类似的套路：不要跟我讲这个项目好或是那个项目好，请直接列表、画图，用你PPT中的"理性"思维征服我！当然，他们大多也不过是在寻求感性证据而已。这里所说的"理性"，其实与古希腊先哲口中

---

① Simon H A. Administrative behavior [M]. 4th ed. New York：Free Press，1997.

的理性是有区别的,这里虽然也暗含着恒久、稳定的意味,即老板们倾向于认为,表面浮夸的说辞,不如稳定可信的数据看起来"理性"。这里的"理性",本质上还不是对非经验世界的指代,而仍然是日常生活中大家常说的"理性"。

公元前 250 年左右,古希腊出现了第一批哲学家,他们最先开始考虑的问题是"宇宙是由什么组成的""存在的本质是什么",即我们今天所说的**形而上学**(metaphysics)的问题。然后,他们把已获得的知识交给理智去检验,开始考虑"我们如何认知"这一类比如"什么是知识""知识有没有局限性"等问题,即我们常在哲学书里看到的**认识论**(epistemology)的问题。那时的人就已经在追问,人类通过单纯的**推理**能理解万物吗?这里的"推理",主要是指**演绎推理**(deductive inference),即亚里士多德(Aristotle)的三段论形式。另一种推理,称为**归纳推理**(inductive inference),即利用过去的事实来预测未来。演绎,是"必然得出",不仅仅是"从一般到个别",也可以是"从一般到一般";归纳,则是"从个别到一般",可以为演绎提供一般性知识。归纳推理只得到可能性结论,所以表面上看来更容易受到不确定性的冲击;而演绎推理得出的是必然性结论,其受到的冲击更为隐秘。因为不确定性,在演绎推理的一系列前提条件中,但凡涉及事实的信息,都需要我们去判别是否为真。演绎推理总是更容易让推理者感到痛苦,因为推理者常常要在大功将成的那一刻突然面临推倒重来的压力。

要理解万物,就要证明思想的合理性,先哲们就只好不断打磨推理的技艺,于是出现了**逻辑学**(logic)。有了逻辑学,哲学就不再与宗教或迷信纠缠在一起了。后来,逻辑学越来越靠近**数学**(mathematics),最后与**科学**(science)密不可分。来自爱琴海萨摩斯岛的毕达哥拉斯(Pythagoras),就是纯粹通过推理获得了很多数学发现(比如毕达哥拉斯定理,也就是中国人所熟知的勾股定理)。爱好推理的毕达哥拉斯,曾有一句名言:理性是不朽的，其他的都会消失①。他此处所说的"理性"，就是指永恒不变的真理。

如果你所认识的"讲道理"中的"道理"只是主观的纯粹真理，那就可以说，你在抵抗不确定性的过程中，确实使用了理性作为武器。不管如何争辩，只要双方都认可"子女必须孝顺父母""吃饭不可以发出声响""无论何时不能诉诸暴力"这类"道理"，事情就很容易解决，是非也很容易判定。而古希腊哲学家们所追求的，不是这类理性。他们眼中的理性，是客观上的纯粹真理，即"1+1=2"，不论何时何地都是成立的、不可辩驳的。这类真理是否存在，学界一直在争论，但我们在此关注的，更接近前一种理性，即我们要根据评价行为结果的某些价值系统，来选择偏好的行动方案。

2）理性的弱点

理性有一个弱点，就是其内涵容易受到个人和大众偏好的影响。我们常能见到一句经典的话被不同时代的不同人用作不同解释，甚至引发争论——人们的立场和态度总是非常频繁地随大众观点的变化而变化。

比如，马修·利伯曼（Matthew Lieberman）在他的书中提到了一个有趣的例子：在1918年的杂志上，男孩子流行的配色是粉色，因为粉色更果断、更强烈，而蓝色被认为是细腻纤巧的颜色，更适合漂亮的女孩子。这是不是让人大跌眼镜？②

又如，鸦片刚刚进入中国时，人们是把它当作有益健康之物看待的。早在8世纪，中国人就用蜂蜜、人参、冬虫夏草配合从西域而来的鸦片治疗腹泻、关节炎甚至糖尿病了；清朝道光皇帝在开始主持禁烟运动之前自己也曾喜爱吸烟，并称之为"如意"③。身处当代的我们，已经能够充分认

---

① 毕达哥拉斯这句话的原文是："Reason is immortal，all else mortal"，详见 Scully R J，Scully M O. The demon and the quantum：from the Pythagorean mystics to Maxwell's demon and quantum mystery[M]. Weinheim：Wiley-VCH，2010.

② 马修·利伯曼.社交天性：人类社交的三大驱动力[M].费拥民，译.杭州：浙江人民出版社，2016.

③ 蓝诗玲.鸦片战争[M].北京：新星出版社，2015.

识到毒品对身体的危害,但清政府起初试图控制鸦片时,最担心的并不是鸦片对国人身体的损害,而是鸦片会影响人的心理,从而造成社会秩序的混乱。

再如,在以儒家思想为正统的古代,曹操的那一句"宁我负人,毋人负我"曾遭到严重的批判,被当成反面教材;而在利己主义盛行的时代,这句话倒成了很多经济学家的座右铭,甚至成了青少年们表达叛逆态度的标志性口号。为什么会这样呢? 古希腊先哲苏格拉底(Socrates)最喜欢做的事情,就是通过一个又一个问题,让别人解释自己提到的概念①。我们按照他的做法,反复追问,一路推导下来,就能厘清真相了。到底什么叫作理性? 与人们对那句"宁我负人,毋人负我"的看法类似,其实理性这个概念本身就没有获得大家的一致认可。

先让我们来看看学者们是怎么定义理性概念的。当代著名的经济学家和哲学家,1998 年诺贝尔经济学奖得主阿马蒂亚·森(Amartya Sen),在《理性与自由》一书中提到了理性的概念②。这样著名的学者,写了一本直接讲述理性的书,我们总会期待他能给出明确的定义。可他在书中是这么说的:"本书中的**理性**,指的是一个人做选择时要做到理由充分、考虑周全所应该遵循的原则。"这其实并非我们所能接受的定义,因为他做出了很大的让步。他所说的选择,指的是选择怎样的行动、目标以及什么事先做,什么事后做,而所谓的理由充分、考虑周全,本质上还是主观的想法。

比如,我们无法认定动物保护人士抗议日本"捕鲸"的行为是缺乏理由的。爱吃刺身、鱼丸的人,也不是别人硬塞到他嘴里时才肯吃。上千年的捕鲸传统,大量渔民的生存,这是不是也算理由充分呢? 那谁是理性

---

① 关于他这个既厉害又略显可爱的特点,详见:柏拉图.裴洞篇[M].王太庆,译.北京:商务印书馆,2013.

② 阿马蒂亚·森.理性与自由[M].李风华,译.北京:中国人民大学出版社,2006.

的、谁又是非理性的呢？各位读者不难发现，**理性本身定义的模糊性，就是造成各种矛盾的理论基础**。阿马蒂亚·森的表达很清楚，他关于理性的定义是"本书中"使用的定义，其他人如何定义，他并未进行讨论。每个人可能都有对理性的独特定义，很难达成一致。

关于理性的定义缺乏统一标准，这就使得理性无法作为一个标准来衡量他物；而这种统一标准的缺失，会让人们越来越不相信理性。帕斯卡就说过，理性判断本没有什么准绳可言，而真正的理性精神是蔑视理性的。学者们称之为"理性的失败"。这种在社会中倡导"不要相信理性"的思潮，在历史上不止一次地发生过，而最近的一次，竟然是科学家们挑起的。

人们一般认为科学家们是更理性的[①]。科学家需要进行实验、收集数据、完成各类统计分析，他们得到的结论应该是高度理性的。然而，有位著名的决策分析学家指出，定量决策分析在很大程度上取决于人与人之间的交流[②]。这是什么意思？他其实是在说，所谓的决策分析（decision analysis），因为有了人们主观性因素的介入，越发不可靠了；直觉才是重要的、必需的，如此这般发展下去，将来大家可能会认为直觉比繁复的分析更好用。这说明，科学家们早就在质疑所谓理性、所谓分析以及所谓定量研究的效果了。

理性，早已不再被人们认为是万能的。如今各大跨国企业在逐步削减用于开展分析工作的经费；哈佛、耶鲁等一众名校的 MBA 课程也不再单纯强调理性分析的作用；越来越多的网络课程都在教授学生如何利用好人的直觉来帮助自己成为一个优秀的领导。传统的科学家们多年来都惯于漠视依赖直觉或凭着第六感做决定的"民间"方法，可现在趋势发生

---

① 注意，这种想法是有问题的，因为不同人对同一词汇的理解有差异，比如"科学家"这个词。
② Brown R. Rational choice and judgment：decision analysis for the decider[M]. New Jersey：Wiley-Interscience，2005.

了改变——具有反思精神的学者们首先转变了思路,开始认为直觉主义者的方法可能比理性分析更可靠。这很像"农村人开始吃得起肉时城里人却开始吃素"的故事:在教育普及的当下,当民众越来越崇尚理性和科学的时候,科学家们自己却掀起了返璞归真、重新认识直觉的新风潮。不过,我认为这其实都是定义和概念模糊惹的祸!

人类历史上长期存在**直觉与分析的对立**。比如,长久以来,人们认定女人的直觉比男人的直觉更准,男性更胜任分析的工作。亚里士多德就曾抱怨过女性因过于情绪化而缺乏理性。自启蒙运动以来,有一种思潮认为,直觉比分析更低级。法国启蒙运动思想家卢梭(Rousseau),在他著名的《爱弥儿》一书中,就曾号召大家要多多使用推理,但当我们认真读过此书就会发现,在冷酷的逻辑外衣下,文中充斥了大量"疯癫"的情绪。比如,该书的上卷中有这样的一段话:

> 一个人当然是不会把他所轻视的人的幸福放在眼里的。所以,当你看到政治家谈到人民就表现得那样轻蔑,当你看到大多数哲学家硬要把人类说得那样坏的时候,你用不着吃惊[①]。

这句话读起来像是严肃的分析推理,但其内核好像是鼓动人心的致幻药品。由此看来,西方的思想家们要引导大众、推动社会进步,也是无法免俗,要诉诸直觉的。

当今学术界对**理性的失败**有两种认识。一些人觉得,理性的失败,恰好说明人在做判断时本来就是不够理性的。比如,黑社会的年轻成员,即便在明知为他人顶罪会必然送命的情况下,还是常常控制不住自己的热烈情绪,为了所谓的兄弟义气,充当替罪羊。这就是个体在情绪影响下做

---

① 卢梭.爱弥儿[M].李平沤,译.北京:商务印书馆,1978.

出错误判断的例子，其本质就是缺乏理性。另一些人则认为，理性的失败，恰恰为做更好的判断开了药方。既然仅靠理性不足以让人做出明智的判断，那我们就应该找到更好的方法来弥补。作为乐观主义者，我本人还是支持后一种观点的——毕竟绝大多数人都乐于见到自己成为有能力做出明智判断的人。既然只有理性是不够的，那学界就应该告知民众需要采取什么样的行动，而且要相信人们会努力学习和补足。

美国前国防部副部长保罗·沃夫维茨（Paul Wolfowitz）是美国政坛的鹰派人物，他经常持有这样的观点：带兵打仗不要做什么预算，预算没有用，战场形势风云变幻，鬼知道最后会花多少钱！如果带兵的人都严格按照预算的分析结果去执行任务，还不如让财务和会计们去打仗！这种观点，就类似于1978年诺贝尔经济学奖得主赫伯特·西蒙①（Herbert Simon）所说的**有限理性**（bounded rationality）——适当地追求理性，即逻辑只是思考问题的多种方式之一，万事别求最优解，只要结果人们觉得满意就足够了②。他的这个学术立场，乍一看来很奇怪。学者们不是应该更有钻研精神吗？不是应该锚铢必较求得最佳结果吗？别着急，后文中我会慢慢给大家解释他的这种学术思想。

1.2.2 判断力

1) 什么是判断力

理性的人，常常被人们认为有着更强的判断力，但是很少有人能说清楚，这种做判断的能力到底指的是什么。年长的人，大多经历过一些人生关键性事件，他们在这些事件上的**判断**，决定了他们这一生的大致走向。年老时，他们不禁会想：当初为什么追小雅而不是追小琳呢？当初是什么

---

① 赫伯特·西蒙，政治学博士出身，先后研究过城市管理、计算机、组织决策、经济管理、数学，开创了机器定理证明，是人工智能学科的奠基人之一。
② Simon H A. Models of bounded rationality: emperically grounded economic reason[M]. Cambridge: MIT Press, 1997.

让自己立志成为铁匠而不是木匠呢？当初怎么就让孩子留在老人身边而没有亲自陪他成长呢？人不仅会对"自己是如何下判断的"这件事感兴趣，同时也会对"到底什么重要的事才需要自己下判断"感兴趣。我们一定见过要求下属不论大事小事都必须请示报告的领导，也见过喜欢权力下放让手下自己做决定的领导。人类在演化和发展过程中第一次对自身的判断过程感兴趣，这在整个人类历史上肯定是一件不得了的事，因为这个认知过程，是人类长久以来都不曾理解的——所谓"知人易，知己难"，一个人想要认识自我的第一步，就是开始思考：咦，我当时是怎么想的？

这个问题通常都不容易回答，但不管是怎么想的，**至少大多数人都不愿意承认"自己欠缺判断力"**。向他人炫耀自己优秀的判断力，似乎是人类自信心的重要来源之一。在所有伟大人物的成长纪录片中，我们都会发现一群"开了天眼"的人。他们也许是这位伟大人物的小学老师、中学教练、旧时的邻居、当年招聘他入职的人事部经理，他们最常说的一句话就是"我当年一看到他，就认为他将来会成功"；他们最爱标榜的功绩，就是自己当年如何为他提供了良好的成长环境或更多的表现机会；这个伟大人物的自我奋斗，似乎都是他们成就的。他们最在乎的是"自己的正确判断造就了这一切"。

17 世纪的法国作家弗朗索瓦·德·拉罗什富科（François de La Rochefoucauld），身为公爵，但反对专制制度。他曾说过一句名言：**每个人都抱怨自己记性不好，但没有人认为自己判断力不行**。小时候的我，在历史书上看到唐朝著名的两位宰相被人们称赞为"房谋杜断"时，第一反应就是觉得房玄龄肯定更厉害一些，房玄龄肯定像诸葛亮一样见解独到、神机妙算，隐约觉得杜如晦就差一些，因为从字面上看，杜如晦无非就是最后拍板做决定。我相信，很多人都会有类似的想法：不就是做决定嘛，这有什么难的？

可拉罗什富科公爵说，人们可以坦然承认自己的记性很差，但被他人认为自己判断能力差，就等于承认自己傻、没脑子、欠缺智慧，于是自己还不如**用记性差来遮掩**过去。每个人都要维护自己的判断，一旦做出判断，就很少会自我反省。为什么管理者往往不轻易在判断能力方面示弱？因为给人留下判断能力差的印象，会直接导致信任危机。所以，与其坦诚自己对形势判断失误了，还不如说是自己不小心记错了。在乘客们眼中，粗心可能只是理性之舟几日不曾扬起的帆罢了，但判断力差，则是这艘船上致命的裂缝。

2）如何评价判断

一般来说，我们评价一个人的判断，有两种方法。

方法 1：经验上的标准，即在现实中它是否符合客观的事实。

方法 2：逻辑上的标准，即在理论推导中它是否自相矛盾。

按照心理学家凯瑟琳·莫热（Kathleen Mosier）和肯尼斯·哈蒙德（Kenneth Hammond）等学者的理论，方法 1 评价的是**通信能力**（correspondence competence），即"判断"和"作为判断对象的事实"两者之间的一致性；方法 2 评价的是**连贯能力**（coherence competence），即在一个人所做"判断"中的各因素之间的一致性[①]。

对于 correspondence 一词的翻译，不同学科的学者有着不同的理解。它是动词 correspond 的名词形式，本意在于评判观点与现实之间是否一致。这其实就是对方法 1 的直接解释。随着 correspondence 一词含义的发展和延伸，后来它才有了"信件"和"通信"的意思。在翻译 correspondence competence 时，如果直接译为"对应能力""一致能力""符合能力"，似乎更不好理解，因此这里将其译为"通信能力"，提示读者在多做一些思考的同时，在理解上也更为谨慎。而对于 coherence 一词的翻译，可以简单直接一些。该词本意在于评判各部分在逻辑、次序上的关联是否一致，在汉语

---

① 此处所采纳的分类方式并非唯一方式，后文会有对理性更多详细的解释。

中常见的翻译就是"相关性""凝聚性""一致性""连贯性"。就行文上讲，"连贯性"更为贴切，因此本书将 coherence competence 译为"连贯能力"。

举例说明。

有一个人判断《资治通鉴》全书是 100 万字（此为"判断"），但当他把全书通读过、每卷书字数依次统计之后发现，全书实有超 300 万字（此为"作为判断对象的事实"），那么这个人就在该客观事实上判断错误——这属于**通信能力**不足。

有一个人三分钟前向他人宣扬"自己热爱学习"，而三分钟后又承认，自己曾多次因游戏娱乐而耽误学习，这就说明他对"自己喜欢学习"这一论点的判断有误，表达前后缺乏一致性——这属于**连贯能力**不足。

理性，往往是跟**逻辑**联系在一起的，与**方法 1** 则没有太大的关联。在逻辑学的范畴中，所谓的**真相**有两种基本形态：**本体真相**和**逻辑真相**。

本体真相，指的是存在的真相。比如，门上有一把锁，其存在不是虚幻的，此为本体真相。逻辑真相，只是关于命题的真理性，而命题的真假，全看其是否反映了客观事物。也就是说，逻辑真相建立在本体真相的基础之上。但是在我们日常的认知范畴中，逻辑往往指事物本身是否违反矛盾律、同一律、排中律和充足理由律①，通常不直接指向本体真相。比如，数学中的几何定理，未必直接对应着现实世界中某个三角形，因为世上未必有完美的三角，这就是柏拉图的观点。

人们运用理性来评价判断，其实就是为了评价这个判断有没有逻辑自洽而已。那么，对**方法 1** 所对应的那些判断，我们可以逐一评价吗？很难做到，因为对于每个判断，我们不可能都能完成实际上的测量。假如我对你说，南京大报恩寺琉璃宝塔有 60 米高（实为 78 米）、北京天宁寺塔有 40 米高（实为 57.8 米）、西安兴教寺玄奘塔有 20 米高（这次终于接近了，

---

① 关于这几个基本律法，有兴趣的读者可以看看这本小册子：McInerny D Q. Being logical：a guide to good thinking[M]. New York：Random House Trade Paperbacks，2005.

实为 21 米）。如果你之前不知道这些宝塔的实际高度，现在手上没有手机或电脑，无法找到任何资料去验证，也不能亲自前往实地去测量，你自然就没有办法评价我的这些判断是否正确。即使你可以想办法去完成测量，也可能懒得去逐一实施。在评价我的判断时，根本不涉及逻辑问题，所以理性在此是无法起作用的。不管你有多理性，你都不可能在想象中测量这些宝塔的实际高度，也没办法评价我刚刚的判断是对是错。

理性，对于**方法 2** 则是十分有用的。假如我向你讲述自己当年填报高考志愿的故事，让你评价我是对是错。此时你需要做的，其实就是评判我的故事中有没有出现逻辑错误。这就是老百姓日常所讲的"说不说得通"。如果我曾讲到"自己的考分没达到重本线"，后面接着讲到"因为爱好文学而放弃了北大医学院的临床志愿"，你就会立即认为我"前言不搭后语"——这种逻辑"说不通"。显然，我没去北大学医，其实与我所宣称的"文学爱好"没有关联，其主要原因显然是我的高考分数不够高。

我相信许多读者都是用这种方式来评价别人的判断的——**要么用方法 1 讲事实，要么用方法 2 讲逻辑**——只是许多人从未意识到这两种方法之间的本质区别。而这种无意识恰恰导致了**理性的失败**，让越来越多的非理性做法得到了认同和传播。

3) 判断的连贯性

对于通信能力，我想大家一般都能理解，其实就是去评判"事实是否如此"；而对于连贯能力，也许大家理解起来没那么容易。所谓的**连贯性**（coherence），就是当我们用逻辑上的原则来做审视时，要评判是否存在系统上、方法上的连接或关联。简单点说，就是评判一个人所讲的话是否前后一致。但是请大家一定注意，对连贯能力的评价与对通信能力的评价是有区别的。

清康熙年间的江南贡院，秋闱三场要考九天七夜，考生入场有三道门，每道门都要严查考生们是否夹带了作弊资料。后一道门查出来的问题多了,前一道门的入场速度自然会下降,而且如果最后一道"龙门"再次发现夹带,前两道门的兵卫还要被一起治罪,这将进一步拖慢入场速度。贡院的兵卫总数就这么多,配给"龙门"的总人数也是固定的,如果既要安排人去三查夹带,又要安排人去给前两道门的问题兵卫治罪,还要留出人手将夹带的考生捆在贡院门口的木桩上示众,那"龙门"的通过速度一定会受到明显的影响。这就是系统的内部连贯性,它是让系统运行的关键,同时也是系统的"阿喀琉斯之踵"。

我们在日常生活中也能看到这种连贯性的影子。很多网友呼吁政府提高最低工资,而很多经济学家不同意,并因此遭到了网友们的口诛笔伐。其实经济学家的理由很简单:提高工资,工厂利润下降,挣不到钱,付不出工资,必然裁撤员工,到头来还是工人们遭受损失。也就是说,提高最低工资之后工人们能多拿钱,是因为他们把失业工友们原本的工资瓜分了。这意味着工人们要在总人数下降的情况下保持产量,会更有压力,同时老板们要在人手不足的情况下保证产量和质量,也更有压力,再加上人员被辞退会给他们的家庭和社会带来经济和心理负担,因此,提高最低工资不就等同于创造了多重社会压力吗?忽视系统内部的连贯性,往往就会造成判断上的失误。

4) 两种判断方法之间的纠缠

通信能力和连贯能力不可融合。但凡试图用**方法 1** 评价逻辑判断、用**方法 2** 评价事实判断,都是无用的——用于获得本体真相的方法和用于获得逻辑真相的方法是不可混用的。马尔科姆·格拉德威尔(Malcolm Gladwell)曾在他的一本畅销书中提到这样一个案例[①]。2000 年的时候,美国邀请几百名军事分析专家和软件专家,建立了一个非常复杂和强大的军事推演模型,叫作"千年挑战",然后请一位有前线作战经验的军官与

---

① 马尔科姆·格拉德威尔.眨眼之间:不假思索的决断力[M].靳婷婷,译.北京:中信出版社,2011.

使用计算机决策工具的专家们进行模拟对战。前者凭丰富的实地作战经验进行判断，后者凭强大的信息分析能力进行判断。结果专家们输给了这位军官。但这位军官承认，自己使用的是一种混乱的决策方式，并没有提前制订任何复杂而宏大的战略。这说明，最好的做法，就是真枪实弹地去实践，建造大量的模型是无用的①。如今许多人喜欢讽刺专家教授，其实根源就在于此。当专家们试图用逻辑自洽的方式来证实自己的判断时，老百姓们已经在用事实反驳他们了。老百姓骂得对不对，其实关键在于这到底是一种怎样的判断，以及合理的评价方法应该是什么。显然，在此例中，普通民众不可能去深入研究模型中的各种方程是否合理，他们只会关心事实上的结果，即到底谁打赢了战争。也就是说，在**方法 2** 无法实施的情况下，人们就会用**方法 1** 来评价判断。

那么，万一没有可测量的事实，人们应该怎么办？如果一个国家已经几十年没有被牵涉到大规模的军事冲突之中，该国的军队参谋人员也仍然需要战战兢兢地进行各种模拟和想定。你能说他们不该这么做吗？难道非要为了验证某个模型而发动真实的战争？这显然是不合理的。但我随即想到了曾经为研究细菌而残害人命的日本关东军，由此看来，这种做法也不是没有先例。

既然没有充足的事实信息来评价模型中的判断是否正确，专家们只好使用历史上已经存在的数据来开展工作。专家们觉得，虽然没有近期的事实作为依据，但至少要先保证模型在逻辑上没有问题。同行们怎么认定这个模型的好坏呢？无非就是看这个模型产生的结果是否符合历史数据，以及模型的逻辑是否讲得通。也就是说，在**方法 1** 无法实施的情况下，人们会用**方法 2** 来评价判断。

因此，我们在评价别人的判断时，往往是先寻求可利用的方法。**方法**

---

① 后文会对理性和情绪进行更详细的分析，行文至此，本书仍然在采用普通民众日常语言体系中的定义，马尔科姆·格拉德威尔在书中所秉持的就是这种定义和观点。当然，许多学者未必认同。

1 用不上就试着用**方法 2**,**方法 2** 用不上就试着用**方法 1**。如果两种方法都用不上,估计许多人就不得不化身为撒泼耍赖的吵架高手:你跟我摆事实,我就跟你讲道理;你跟我讲道理,我就跟你谈道德;你跟我谈道德,我跟你论修为;你跟我论修为,我跟你说老子;你跟我说老子,我跟你装孙子。就像美国律师们常说的,如果事实对你不利,重点放在法律条文上,如果法律对你不利,重点放在事实上,如果两点都对你不利,重拳打在桌子上①。

1.2.3　科学

不管怎样,当今心理学(psycology)、认知科学(cognitive science)、判断与决策学(judgment and decision making)、动态决策学(dynamic decision making)、行为经济学(behavioral economy)等**诸多学科都更倾向于从单纯的理性分析(方法 2)走向事实验证(方法 1)**。不少学者会悲观地认为,未来的人类会越来越不重视对推理能力的培养,理性也不会再次成功。也有学者指出,其实人类一直以来都知道,人是一种缺乏耐性、容易激动和发怒的动物,理性根本不足以引起人类的重视。

我们有多少次嘲笑过只会讲大道理的迂腐文人?

我们有多少次瞧不起只会编程或算题的书呆子?

我们有多少次感叹"秀才遇到兵,有理说不清"的悲凉现实?

我们有多少次一看到某本书中有看不懂的方程或公式就立刻把书合起来?

其实我们很少有人公开推崇理性,就好像理性是不凶的事情。这里

---

①　这句话的英文原文版本很多,常见的是"If the facts are against you, hammer the law. If the law is against you, hammer the facts. If the facts and the law are against you, hammer opposing counsel",但是到底是谁最早在法律界说出这句话,有兴趣的读者可翻看这个有趣的讨论:Legal advice: pound the facts, pound the law, pound the table,网址是 http://quoteinvestigator.com/2010/07/04/legal-adage/.

的"理性"，仍然是日常语言体系中的理性，即认为情绪与理性是对立的。帕斯卡虽提出了两者的区分，但是并没有坚称两者是对立的。

我们往往认为情感大于理性。幸福的伴侣谈及当年的判断，往往会说"我第一眼就爱上了她（他）"，努力强调各种非理性的动力。这种心态似乎表明，经过理性分析再选择一个人，是对这个选择犹豫和不满意的表现。即使伴侣承认，自己是模仿《老友记》里的罗斯，列出一张表，详细对比你和另一个候选人的优缺点，理性分析，最后选择了你，你会非常感动吗？如果会，是真爱无疑了！

我们往往认为天赋大于理性。成绩优异的人，谈到自己的学习习惯，通常会骄傲地表示自己从来不熬夜，上课从来不听，节假日从来都只玩游戏不复习。我们很少见到强调自己努力刻苦的人。我是从来都不信这些话的，因为在我认识的那些熬夜看题、课间不停追问老师解题方法的学生中，基本见不到成绩一塌糊涂的人。成绩优异的人明明很理性，但总是不承认理性带来的好处，仿佛承认了理性就等于承认了自己不够聪明似的。但说实话，真正聪明的人更不该羞于承认自己的勤奋！

我们往往认为真诚大于理性。我本人是曼彻斯特联队的球迷，但我发现球迷常常不够理性。战术再糟糕，踢得有血性就好；体能再差，拼尽全力就行。我们似乎对于看似理性的教练没有好感，而觉得站在场边像疯子一样叫喊的教练才更受人尊敬。理性的教练，在执教多年之后，其实早就对各种情绪掌控自如，但是有时不得不配合球迷的胃口故意作秀般挥舞几下拳头，这就等于给自己的理性扯了一块遮羞布。可悲的是，我觉得范加尔之所以被曼联董事会解雇，跟他总是面无表情地坐着指挥比赛有很大的关系。

17世纪被称为理性时代（age of reason），这个时代标志性的成就来源于艾萨克·牛顿（Isaac Newton）。其实早在1543年，波兰天文学家尼古拉·哥白尼（Nikolaj Kopernik）的《天体运行论》就出版了，我们熟知的"日心说"挑战了基督教的"地心说",这一事件的影响持续了很久,改变了之后许多学者的成长历程,也激励着后来人用理性揭露宗教的本质。

　　1610 年,著名的伽利略·伽利雷(Galileo Galilei)[①]开始使用望远镜观测天象;

　　1619 年,约翰尼斯·开普勒(Johannes Kepler)的三大定律完成;

　　1637 年,勒内·笛卡尔(Rene Descartes)说了那句"我思故我在",并逐步完善了解析几何的工作;

　　1660 年,英国皇家学会成立;

　　1674 年,安东尼·列文虎克(Antony van Leeuwenhoek)首次利用显微镜发现微生物;

　　1676 年,戈特弗里德·威廉·莱布尼茨(Gottfried Wilhelm Leibniz)独立发明微积分;

　　1687 年,牛顿出版了《自然哲学的数学原理》,提出了牛顿三大定律。

　　虽然"科学"这个词当时尚未流行起来,但是上面这一个个如雷贯耳的名字无愧于科学家的称号。17 世纪开始的科学革命继承了两千年前的希腊先哲思想,尤其是科学家们坚信客观真理的存在,并取得了超越古希腊的成就。很多人认为,从那之后,我们又渐渐回归到了反对理性的传统。天主教不承认伽利略,新教反对进化论,炼金术士们反对毒理学,如今连主流学术界都开始强调实验而抛弃纯粹的推理了!心理学家们也开始质问:人到底算不算是具有推理能力的物种?这一问题本身看上去就是个悖论:如果人不能推理,那么我们怎么证明?难道是用推理的方式来

---

　　① 　其实正常情况下应该以其姓称之为伽利雷,以示尊重,但是就像对待天文学家第谷·布拉赫(Tycho Brahe)一样,现在人们还是更习惯以名相称,叫他们第谷和伽利略。

证明人不能推理吗？

进一步思考，就出现了更深层次的问题。如果理性不可靠，那么我们能靠什么？靠信念吗？谁的信念可靠？这种信念到底要我们坚信什么？黑暗的欧洲中世纪到处是靠信仰基督教生存的人，但屠杀和迫害还不是四处发生？难道我们还要世界倒退到那个时代？二战前的日本到处是靠信仰神道天皇而活着的人，他们获得幸福了吗？说到这，我只能摆明自己的立场——我本人认为还是要靠科学主义，或者说，因为科学具备科学的标准，而这种建立在实用主义和实证主义上的标准①，总是崇尚智慧的。爱智求真之路，感觉上总会让我们离灾难远一些，离幸福近一点。

1.2.4　智者

因为不确定的存在，人在每时每刻都在寻找聪明人来指导自己。关于怎样才算聪明，真的是见仁见智。一般我们认为，脑子里有更多的信息，且更能有效利用这些信息进行推理的人，会较其他人聪明。寻求聪明人的指导，是人们应对不确定性的重要方式——向智者寻求有利的信息，以对未来的不确定性施加控制，获取安全感。普通民众大多认为，政商高层比较聪明，他们能处理各类杂事琐事，协调各方关系，肯定了解一些我们不了解的事情；专家教授比较聪明，毕竟他们在一门学问上钻研久了，自然明白不少属于他专业领域内的事情。但是，不管我们一开始对这些智者有多崇拜、多喜欢、多虚心求教，到最后大多还是愤而弃之，转向其他智者。大家慢慢地发现，有不少事情是智者们不愿意操心的，或者说，他们能指导我们的事情，一定会被越来越多的不确定性淹没。

不信的话，你简单回顾一下人生，真的有这样一个人足以指导你一生吗？似乎每经过一个人生阶段，指导你的智者就换人了。那么我再问：你

---

① Popper K. The logic of scientific discovery[M]. New York：Routledge，2002.

要如何评价自己挑选人生导师的判断力？如果每隔一段时间就必然要换人，不正说明了你在这方面欠缺判断力吗？英国思想家以赛亚·伯林（Isaiah Berlin）就认为，**人压根就不知道自己当时是如何判断的，即便能深刻了解自己的判断方式，也是挺危险的事**①。为什么这么说？他认为，凡是判断力出色的都属于不世出的人才，或称作"伟人"；而出色的判断力，根本不是一般人所能具备的能力。一旦人们意识到这一点，在应对不确定性时，就会无比缺乏自信且崇拜偶像，到最后把希望都寄托在伟人身上，反倒给自己的生命带来更大的不确定性。

单纯靠一两个智者是不能解决问题的，因为所谓的智者，到底够不够聪明，都是别人评价的。当别人都靠不住时，我们最好还是依靠科学。我这里并不是鼓吹科学至上主义，但至少我们可以依靠相关学科把此中的判断机理剖析清楚，比如，**第一个要剖析的问题就应当是：我们要用什么方式来剖析判断？**

1.3　生　态　方　法

1.3.1　不止于理性

不明就里的读者看到"生态方法"这几个字，以为我搬出生态学的概念了，实则不然。经过几代人的不懈研究，学者们发现，**判断过程**（其对应的英文仍然是 judgment）其实是依赖于人的**认知系统**（cognitive system）的，有其相应的组织器官，如眼、耳、口、鼻、皮肤。他们还发现，人们可以用一定的方式来改善这个过程，具体到实施层面，就**从内部找原因**。这

---

①　Berlin I. The proper study of mankind: an anthology of essays[M]. New York: Vintage Classics，2013.

点与大多数中国人所受教育之观点——凡事有内因和外因，内因为主，外因为辅——有相通之处。如今在心理学界，尤其是认知心理学领域，大部分学者都持有这个观点，并将其称之为**生态心理学**[①]（ecological psychology），所用的方法就被称为**生态方法**（ecological approach）。

生态方法，大体是说，既要建立一套关于**需要人来做判断的任务**的理论，又要建立一套关于**人的判断过程**的理论，而不能如前人那般，只钻研逻辑至上的**方法 2**。首先拥抱这种思潮的，就是专门研究判断与决策的学者们。他们之所以接受这种观点，是因为他们研究的终极目标，就是要理解**不确定性**。对研究判断与决策的学者来说，**若非不确定性的存在，我们直接依赖逻辑和推理就足够了，理性本身就可以解决所有问题**。

1.3.2　最大化方案

但现实远非如此：不确定性既不可避免，又无处不在。比如，圆周率到底是多少，许多研究者前仆后继，也没有搞清楚这个"π"到底是3.141 592 6，还是 3.141 592 654（也许有人会跟我抬杠，说这是个无限不循环小数，可现在已经有数学家在试图证明，这个世界上压根不存在无理数[②]）。许多学者试图对洪水或地震进行预测，但直至今天，我们也只能说，这个得看老天爷的心情。昨天你盖了一座坚固的堤坝，号称能抵抗百年不遇大洪水，可如果老天爷心情不好，制造出万年不遇的大洪水，你就根本无从预测，也无法应对。**逻辑**所能体现的，是老天爷出 1，你也出 1，老天爷出 100，你也出 100，你能一直跟老天爷应对下去，于是我们就可以认定你至少没有输。而**不确定性**则意味着，老天爷根本不管刚才那一套，

---

① Barker R G. Ecological psychology: concepts and methods for studying the environment of human behavior[M]. Stanford: Stanford University Press, 1968.

② 详见 Mitchell M. Complexity: a guided tour[M]. Oxford: Oxford University Press, 2009. 该书中提到的数学家斯蒂芬·沃尔夫勒姆（Stephen Wolfram），15 岁就发表了第一篇物理学论文，20 岁拿到物理学博士学位，在加州理工学院教书时获得了麦克阿瑟天才奖，后来在普林斯顿高等研究院研究元胞自动机动力学。他不相信自然界真的存在无穷小数，认为大自然本质上是数字的。

突然打出 100 000,你硬着头皮好不容易也打出了 100 000 时,老天爷改变了规则和标准,非说你必须上翻 3 倍才不算输,你也许正准备质询对方要赖,老天爷此时竟然就掀桌子不玩了,而且判你输!

不确定性是我们平日里常常都要面对的问题,我们只是大多情况下没有发觉罢了。每天开车上班的人,不知道哪一天遇到大暴雪,但他们其实是有自己的应对措施的。在需要做判断的那一刻,他们会立刻尽力想清楚如何利用已有的信息,如打开收音机听一听哪条路上的积雪已经被清扫过,或者他们脑子里清楚哪一条公交线路更便捷,又或者他们能找到充足的理由请假,然后今天就不必出门去上班了。但是如果没有经过上述训练,又没有成熟的经验,多数人都只好选择一种方法,那就是去"碰碰运气"。实际上,某个人在出门的那一刻也都还没想好,而是当他走到小区门口时才突然下决心要去挤地铁的,但若有人事后问他,为什么早上选择坐地铁,他会立刻变成决策分析专家,为他的选择找出一个看似合理的解释。如他可能会说,地铁比较稳定,一般不会延误,选择地铁就是为了不迟到。注意,此时他的这个解释,并不一定说明坐地铁是最佳方案,事实上,**未经训练或经验不足的人,在面对不确定性时,基本上都是选不到最佳方案的**①。比如,其实他明明可以借口写材料来给自己请假,但也许当时他没有这样周全的考虑,漏选了该方案。

最大化方案(maximizing)。在英语中,人们会将一个极其自私的人叫作最大化者(maximizer),即这个人总是将他本人的福利或利益最大化,而最大化方案就是用一种看上去不太讲理的"蛮力"来解决问题。比如,进地铁时,需要进行安检。为什么每个人的包包都要进行安检呢? 这必然会浪费大家的时间,造成排队和拥挤的现象。其实管理者可以采用抽检的方式,可是大多数情况下,他们更倾向于对每个人都进行检查,因

---

① 这个结论只符合特定的理性定义,后文会有详细的区分。

为这种做法已从逻辑上得到证明可以最大限度地降低风险。注意,仅仅是从逻辑上得到了证明,也就是在用**方法 2**做评价。政府,作为社会管理者,一般不喜欢犯明显的错误,因为做对了的事情常常需要大为宣传才能为民众所知,而做错了的事情则会很快被宣扬出去,从而引发民众不必要的过度关注。所以,政府为了少犯"真错",就会偏爱最大化方案,即求得利益极值的最佳方案。

1.3.3　不可拆分的套餐

讲到这里,我觉得有必要以上面的安检事件为例,提到统计学家们常用到的两种关于错误的概念：假阳(false positive)和假阴(false negative)。

(1) 假阳：明明没有带危险品,但是被误当成危险品携带者。

(2) 假阴：明明带了危险品,但是被误当成无辜的人。

具有一定统计知识的读者都知道,这两个概念本是属于一个套餐内的[①],也就是说,**假阳率下降会让假阴率升高,假阴率下降反过来也会让假阳率升高**。除非你的系统 100% 精准——而**不确定性**告诉我们,这是不可能的。经历过机场安检过程的读者会发现,总有一些时候,明明乘客的旅行箱里没有违禁品,安检系统也会误报,于是乘客不得不将旅行箱拿去复检。当然,也总有一些人,箱子里明明存有炸弹,安检系统却没检测出来,让他们通过了。注意,我们常常遇到的问题在于,**假阳和假阴是此消彼长的**。努力使假阳率降低,被误检的乘客数量确实是减少了,但是漏报危险分子的概率肯定增加；努力使假阴率降低,危险分子确实是更难顺利通过安检了,但是所有人都要接受更加细致的检查,完成安检所需的时间会增加,而排队人数一旦出现激增,机场就变成难民营了。在这种情况下,机

---

① Banerjee A, Chitnis U B, Jadhav S L, et al. Hypothesis testing, type I and type II errors[J]. Industrial Psychiatry Journal, 2009(18)：127 - 131.

场安检工作的负责人应该怎么办？

熟悉流行病学的读者，应该听说过关于这两种错误的另一个版本：

（1）**过度诊断（假阳性）：实际并未患病，但在测试中呈阳性。**

（2）**诊断不足（假阴性）：实际已经患病，但在测试中呈阴性。**

或者我再给大家列举另一个例子。蜘蛛喜欢吃苍蝇，所以努力织网来进行捕捉。如果蜘蛛网的密度增加，则捕获苍蝇的可能性（捕到了，发现果然是苍蝇，真阳性）会提高，但是同时捕获到空气中的毛发等杂物的可能性（捕到了，却发现不是苍蝇，假阳性）也提高了；如果蜘蛛网的密度降低，那么虽然捕获苍蝇的可能性会下降，但在所有被捕获的东西中，苍蝇所占的比例会提高[①]。

回到机场安检的事例。在机场管理层着重强调不许出事的时期，具体负责安检工作的负责人必然要尽量杜绝任何假阴，即不漏检一个恐怖分子，如果造成了大面积的排队现象，那就暂且让乘客们多花点时间排队，与负责人本身无关。我们无法直接批判这位负责人，毕竟这是由他的工作职责所决定的。如果在他的价值观里，职业尊严是他人生的重要组成部分，那么他必然会选择执行最大化方案，以致在大多数情况下他根本就不会意识到其实他还有更多的选择。

1.3.4　更多的选择

这里所谓更多的选择，就是直接关注到两种错误可能带来的后果。有人会说，机场安检这项工作，不出事就罢了，如要真出了事，就一定会是大事，所以负责人必须尽全力减少假阴（即没能检查出真的危险分子），不许有一个漏网之鱼。可是，被全力放大的假阳（冤枉了无辜之人）所能造成的影响远不只是让乘客们排长队那么简单。在美国，许多家庭都安装

[①]　Mukherjee S. The emperor of all maladies: a biography of cancer[M]. New York: Scribner, 2011.

了防盗报警器，但超过 90% 的警报触发都是假阳错误①（没有入室盗贼，是主人自己误触报警）；一旦短期内的误触报警太多，附近的警察就会懈怠，因为经验告诉他们，下一次有人报警，多半也是误触。

结果，太多的假阳，就让所有人基于经验而放松警惕，然后开始怀疑，这个总是误报的防盗机器除了能无聊地乱叫根本也没什么作用。到后来，当人们再听到警报声，连打电话报警的念头都不会有了。这有没有让读者想起《狼来了》的故事？大家回想一下，狼吃人的灾难发生后，我们最想责备的是村民，还是那个孩子？再想想"烽火戏诸侯"的传说，当初我们嘲笑的对象，是那些因为懈怠而没有前来救驾的诸侯，还是宠溺褒姒而随意点起烽火的周幽王？过多的假阳，会让人怀疑系统本身的可靠性，觉得系统过于谨慎；而过多的假阴，会让人怀疑系统本身存在的合理性，觉得系统没有任何用处。显然，用存在两种错误的各类方法、制度、技术、设备来应对不确定性，不是一件容易的事情。比如，那位安检负责人，也需要通盘考虑各种问题；如果我们再审视一下当初的最大化方案，多思考一下，我们是否还是坚信，只有使用"蛮力"才能应对不确定性的挑战？

我在前文提到过，最大化方案往往是理性推导出的方案，用的是**方法2**，基本没有考虑别的因素。但之前我也说了，**理性不能独自应对不确定性**。如果理性是我们要首先考虑的，那接下来会发生什么？警察也许会说，必须每天都对所有居民进行审讯和搜查，这样才能保证城市里没有可以窝藏犯罪分子的死角，可这种做法未必理性，也未必符合逻辑。没错，这确实能对犯罪分子实施更彻底的打击，但是这种完全不容忍假阴的做法，是民众无法容忍的。

---

① 美国司法部社区警务办公室的 Rana Sampson 曾于 2007 年写过一个关于警报触发状况的报告：False burglar alarms (Technical report). USDOJ. 2.

　　历史上类似的做法有很多,相关政策的发起者,其初衷皆是坚信理性推导可以证明最大化方案是最好的方案。西汉的汉武帝,就曾想方设法推行过一次最大化方案——算缗(mǐn,同"敏")告缗。汉武帝即位以后频繁对匈奴发动战争,再加上他大量兴修水利土木工程,国家由此承担了巨大的人力和物力成本。为了解决财政危机,元狩四年(公元前 119 年),汉武帝听从张汤和桑弘羊的建议,颁布了打击富商大贾的算缗令和告缗令。算缗令就是要征收财产税,商人自然是不会自觉遵守的,偷税漏税严重,于是政府跟着出台了告缗令。所谓告缗,就是让民间百姓互相举报。汉武帝自己无法对所有人一一搜查,故用此法推行最大化方案。当然,这种事情,各民族的历史上都出现过。英国的查理二世靠数烟囱征收的"灶台税"、法国的拿破仑从意大利学来的"窗户税",本质上都是在使用各种奇技淫巧实施最大化方案——因为政府缺钱,所以在征税时,那些住得起房、烧得起菜的有钱人,一个都不能漏掉。他们都容忍不了任何假阴错误。

　　最大化方案的执行者往往处于一种自我矛盾的处境之中。一方面,他认为当他是某个领域的负责人时,他唯一的选择就是最大化方案,他不能允许该领域里假阴的存在,否则其他人会质疑他的能力。另一方面,他又觉得,当他在其他领域作为普通人存在时,他的个人权利又是不可侵犯的,他不允许其他领域里假阳的存在,否则他会去质疑那些领域中的负责人的能力。在这种情况下,他站在两个相对的立场上,不管怎么说,自己都是有理的,到头来任何人都无法采取任何措施。所以,人在面对不可抗拒的不确定性时,明智的做法是需要理性,但是不盲从理性,因为逻辑确实很重要;评价一下两种错误的后果,多从社会、情感、人性的层面考虑问题,如此这般,再进行判断,才能稍显出智者的模样。

　　也许有些读者会说,所谓"考虑两种错误的结果",其实也是理性的表现,所以理性还是唯一的解释。如果把理性提高到无所不包的地位,我们当然可以这样想。但是**方法1**的事实判断标准，是理性永远都绕不过去的障碍。自然科学家之所以常常表现得对社会科学研究成果不屑一顾，就是因为情绪、性格、社会氛围等事物都是存在且能驱动或产生相应后果的。但就理性而言，再怎么用逻辑去演绎推理，还是无法在这些事实判断过程中造成实质性的变化。所以，与其说要把这种周全的考量也强行纳入理性的范围，不如说这是在盲目地扩大理性概念的范畴。若有读者如此认定，其实也只是在用"理性"这个词来表达"聪明""明智"的意思而已。这就是为什么我在前文中会提到，理性本身定义的模糊性，就是造成各种矛盾的基础。人们对理性的理解千差万别，所以才有了"理性的失败"。

本质上是逻辑思维的理性，在被放到更广阔的范围之中时，常常会失效。这时候，我们试着去批判这种原始的理性，反而更像一个智者所为。秦朝建立后以法治国，在严明的法律和纪律下组织起强大的国家机器，内平六国、外御匈奴、车同轨、书同文，一统华夏，不能不让人敬佩当时倾向于法家的统治者的理性。陈胜、吴广的队伍"失期，法当斩"，是不符合逻辑的。可问题在于，统治者们制定法律的时候，并没有考虑"失期"的原因。天降大雨，道路不可行，这是不确定性造成的！没有哪一条法律能完整地涵盖所有不确定性的结果。总不能把法律写成"小雨可迟到2天，暴雨可迟到4天，大暴雨可迟到6天"吧？即使真这么规定了，当时的陈胜、吴广不当斩，不会爆发起义，万一后来出现了刘胜、赵广，遇到了"千年不遇"的特大暴雨，迟到了8天呢？统治者当年没有预计到这类由不确定性造成的事件。根据**方法2**，按照逻辑，失期者仍当斩，所以他们也还是要起义。后续朝代中，政府对法家的做法就变得更为谨慎了，即使手里拿着法律的逻辑之鞭，宣传时也会注意强调儒家的仁爱之情。这种更温和的统治方式，就是因为后来人注意到了理性主义至上可能导致的恶果，更多地综合考虑两种错误的结果。毕竟天地难测、法无尽法，不确定性令人防不胜防。

1.3.5 不同的容忍度

按照现行欧美党派的立场来说,左翼政党比较激进,年轻人居多;右翼政党稍显保守,老年人居多。单纯从生物学角度出发,学者们就能解释这种现象。英国的保守党和美国的共和党,推行的政策偏向于"保守",其选民之中年长者的比例更高。年长者不会偏好激烈的变化,原因在于,随着年龄增长,身体各项机能减退,人对各类变化的适应能力是逐渐下降的。而在英国工党和美国民主党的支持者中,年轻人的比例更高,他们更经得起折腾,处于需要求偶、创造、打破常规的年龄段。从生物学上解释,即大多数死气沉沉的年轻人,早就在演化过程中被淘汰掉了,或者说,那些人生存下来并留有后代的概率更低。

对于两种错误,人们的容忍度自然不同。保守的人,更能接受假阳;而激进的人,更能容忍假阴。在机场过安检时,你明显能从人们的表情中看出区别:如果前面的人被误检为危险品携带者而被要求重新检查,结果却发现只是误报(误检出不该被检出的正常乘客,假阳率高),那么因此而被迫增加排队时间的人群中,年轻人会更多地表现出不耐烦,甚至直接抱怨,而年长者却往往能表现出理解和耐心。同样地,如果某电影院曾因电梯故障发生过伤亡事故(没有检出本该检出的故障,假阴率高),已经为人父母者,一般会比较谨慎,尽量不去这家电影院,而为了能创造在黑暗中相处机会的年轻情侣,大多数还是选择前往,而较少对这家电影院发生过的事故表示敏感和关心。

美国发生"9·11"事件后,调查者发现,当时有近 20 名恐怖分子通过了机场安检。如此高的假阴率(应该被安检拦下却顺利通过),自然是共和党、年长者和右派支持者所难以接受的,因此,时任总统布什能获得这些人的大力支持,强硬对外开战,强制开展各类安检,强行对民众的各类活动进行检查和监控，甚至连普通公民的电话和电子邮件都不放过。此举造成美国和国际社会出现了大量的假阳事件，最终跳起来反对这些措施的，往往还是激进而年轻的选民。生物因素所起的作用，远比我们想象得要大，而这也是为什么判断与决策学领域的专家们会始终密切关注神经科学、行为科学、认知科学的进展。要深刻理解自己和他人的判断，就必须明白，作为生物体的人，始终要面对源于自然环境、社会环境、其他人群，甚至是源于自己的不确定性，以及这些不确定性所带来的生存压力。为了继续生存下去，为了把基因传递下去，人们才一直试图让自己具备更好的判断和决策能力，而这一切，用理查德·道金斯(Richard Dawkins)的话来说，都源于"自私的基因"①。

　　按照理查德·道金斯在《自私的基因》中的理论，30亿到40亿年前的原始汤(海洋)中，地球上出现了第一个复制基因，即一个可以复制自己的分子。然后它不断在海洋中扩散自己的拷贝，而当原料不足时，更长寿、复制更快、更精确的基因品种自然被进化机制选择出来；地球毕竟是有限的，竞争还是在这些进化了的大分子间不断加剧。能够把自己裹在蛋白质里的基因则获得了竞争优势，长期进化后形成了各种生命体。所以，保存基因本身才是生命存在的终极理由，而人类只不过是人类基因的生存机器罢了。更激进的年轻人需要生存和繁衍，更保守的年长者也有生存和保护其后代的需要。追根究底，都是为了保存基因。换句话说，两派之所以纠缠不休，其实都是为了争夺生存资源。每个人都因为"负有保存基因的责任"，所以本能地怕死，本能地厌恶不确定性。

---

　　① 源自1976年出版的《自私的基因》一书，作者理查德·道金斯曾因此被广泛误解，当时的人们一看到这本书的名字就开始对他展开了攻击。不过他在该书的新版中努力澄清了这种认识：Dawkins R. The selfish gene: 40th anniversary edition[M]. Oxford: Oxford University Press, 2016. 同样的例子还可以参见罗马俱乐部所做的世界模型，其中关于世界增长极限的预测也受到了广泛的批评，不过尚还在世的成员也一直在努力解释他们的立场。参见 Randers J. 2052: A global forecast for the next forty years[M]. White River Junction: Chelsea Green Publishing, 2012.

1.4　人类的抵抗

1.4.1　语言的限制

本书开篇就引入了不确定性和判断等不易解释的概念,为此我曾非常纠结,不知应该如何用规范的形式来给出释义。苏格拉底最喜欢追问的就是一个概念的准确定义。甚至我可以这样认为:人们在各种深刻问题上反复纠结的原因,就在于难以理解自己的日常用语。我们常用的语言,是互相解释的。比如,在汉语字典中,"欢乐"被解释为"快乐","快乐"被解释为"欢乐";"色彩"在字典里释义为"物体表面的颜色",而"颜色"直接被解释成了"色彩"。这种成对出现的词,本来就是被用于互相解释的。在大多数语言中,判断是由不确定性引发的认知过程;所谓认知(cognition),就是指认识和感知。人类认知的方式,无非是通过眼去看、通过耳去听、通过口去尝、通过鼻去闻、通过皮肤去触摸;感受到了,人就有了视觉、听觉、味觉、嗅觉、触觉等各种感觉。恰恰是因为有不确定性的存在,人才要在感受之后进行判断。

不确定性还有一个好兄弟,叫作**可能性**(probability),数学上称之为**或然率**。在世界上的每一个赌场里,所有游戏参与者其实都只是在陪着**可能性**玩耍而已。在 JDM 学者们的眼中,**赌场是这个世界上不确定性最低的场所之一**。所有的可能性都是由设计者事先计算好的,几乎没有出现"千年不遇"事件的可能性。只要一个赌客眼疾手快、记忆超强且心算水平足够高,就可以在赌场中游刃有余地快速致富。美国名校麻省理工学院几十年前就开设过教学生如何赌博的课程,而被称为"华裔赌圣"的马恺文(Jeffrey Ma)就是该校的毕业生。他曾在每个周末转战各大赌场,依靠自己强大的算牌能力，有时一晚上就赢走几十万美元。他的故事后来甚至被拍成了一部名为《决胜 21 点》的电影。当然，赌场的老板也非常警惕这类人，如果他们在一家赌场中赢了太多钱，赌场就会安排相关人员在当天游戏结束后请他们离开，或是直接送他们一笔钱，鼓励他们今后光临其他的赌场。

让我们再看看理性这个概念。亚里士多德曾在定义"人"的时候说，人是理性的动物①。亚里士多德把所有生命现象都当成阶梯式的连续过程，认为生命有三个等级：依靠营养的植物、感性的动物、理性的人类。而人与其他动物的最大差别就在于人具有理性思维的能力。在生物学分类中，我们被归于智人（Homo Sapiens），这个命名本身就体现出，智力与理性是人类的定义性特征②。

与中文里的"理性"一词相对应的英文单词有两个：reason 和 rationality。英语口语中一般使用的理性，用的是 reason 这个词③，指人用思维去考虑、理解并形成观念。古希腊先哲认为人是理性的动物，并不是说人是绝对理性至上的动物，而是强调人具备其他动物所不具备的思维能力，理性是正常人类必然拥有的一种先天技能。我在此处提到的"理性"其实是 rationality 这个词，强调的**是不荒诞、不愚昧、不失去完全的思考能力，一种可以做到保持理性、运用理性的能力，一种人通过不断思考而获得的、能够最大化利用 reason 来增强自我力量的技能。**

为了方便读者理解，下面我用更简单的语言来表述。其实在 reason 这方面，人这种动物，几千年来并没有取得太大的进步。脑容量没有什么变化，神经元的数量也没有什么增长，如果将今天的健康新生儿与古希腊时代的健康新生儿放在一起进行比较，在后天成长条件相同的情况下，两

---

① Hothersall D. History of psychology[M]. New York：The McGraw-Hill Education，2004.
② 王晓田，陆静怡.进化的智慧与决策的理性[M].上海：华东师范大学出版社，2015.
③ 也有学者习惯于把 reason 翻译为"理知"，但根据我个人的生活经验，多数人对于 reason 和 rationality 这两个词都习惯用"理性"来概括。

者的智商和情商并不会有多少区别。区别在于,我在本书中一直强调的理性能力,也就是 rationality 这一方面,人是不断改变的。

关于什么才是理性的基础,学者们还是存有争议的。其中一个重要的观点,即人类所有思维的根本机制是**分类**(categorization)和**类推**(analogy-making)①。当然,分类和类推从根源上说其实是一回事,后者不过是前者的特殊情况而已。举个例子,当一个中国人听说一个外国人来自俄罗斯,可能立即就在脑海中把这个外国人分到"能喝酒"或"不怕冷"的类别之中了;尽管此时他还没有意识到这一点,但他已经完成了对这个外国人的分类。当然,如果有人说出"苯环的结构像一条咬住自己尾巴的蛇"这样的话,那么他所具备的就是复杂而不常遇见的类推思维。

按照上述观点,人的语言就是用来给事物贴标签的。这是保证人类生存的基本方式之一。当有人告诉一个男生说有个女生非常美丽的时候,这个男生未必能立刻在脑海中形成完整的想象。毕竟每个人对"美丽"的认识是不同的。这个男生所在家庭的成员们所具有的审美标准,可能与舞台明星的化妆师们大相径庭。既然智人要合作才能生存,比如需要一起捕猎和耕种,那么语言就要起到高效的信息传递作用。用分类或类推的方式,人类可以迅速传递出大量的额外信息。比如,小孙对小孟说,有个女生像杨贵妃一样美。在信息传递方面,小孙的这句话是很高效的,既能省下信息输出者大量的精力(小孙不必再详细描述这个女生的容貌、三围、皮肤、身高、体重等相关信息),又降低了信息接收者误解或考虑不周的可能性(小孟不必再用各类差别巨大的方式来理解小孙心目中关于美的概念)。当然,这并不是说一旦有了分类或类推,就足以彻底消除人们在理解上的差异,但这种差异会大大减少。

分类或类推与人们对确定性的追求存在着密切的关系。分类或类推

---

① Hofstadter D, Sander E. Surfaces and essences: analogy as the fuel and fire of thinking[M]. New York: Basic Books, 2013.

过程本身就是对确定性的传达，可以直接帮助人们理解和预测面临的各种情况。比如，许多小孩子在第一次看到驴的时候，常常把它描述成一匹马的样子。为什么呢？当人要向外传递信息的时候，必然要从记忆中已知的知识向外拓展，小孩子没有关于驴的知识，只能从与其相近的马那里进行推理。听到小孩子的描述，人人们能立刻从记忆中调出关于马的信息（有四条腿、两个耳朵、脸很长、爱吃草）。记忆中已知的信息是确定的，而未曾见到过的情景或事物是不确定的，人要顺利适应，就必须从记忆里找到未知中可辨别出来的、与已知的确定信息相似的内容，通过分类或类推，在拓展知识边界的同时，尽力理解新的情景或事物，进而采取合适的行动。总之，没有分类或类推，人就无法理解万事万物，无法进行推理，无法与人交流，更无法采取有效的行动让自己生存下去。语言因此而起，也因此而受到牢牢的限制。

1.4.2　人人都爱确定性

前文提到，在 17 世纪之前，人类本是"被鼓励着"去追求确定性的。除了追求真理的众多先哲之外，众多的君主、巫师、神婆都依赖于大家对确定性的喜爱而生存。他们可以通过某种方式给民众安全感，消除大家心中对不确定性的恐慌，从而发展壮大自己的势力，顺利生存下来。就算到了今天，仍有大批民众深度依赖这些（至少看起来）能给予我们确定性的智者，让他们来帮自己预测未来。

很多读书人，即便已经念到了硕士和博士，也会习惯性地每天查看星座运势。编造星座运势的人并不需要为任何的错误预测付出代价，也就是说，民众赋予了这些人不受约束的预测权利[①]。编造星座运势的人当然知道民众爱看什么内容，但也害怕被人们看穿，所以会专门挑一些放之四

[①]　罗尔夫·多贝里.清醒思考的艺术：你最好让别人去犯的 52 种思维错误[M].朱刘华，译.北京：中信出版社，2013.

海而皆准的话给人们看。比如,"你今天会遇到一个人,带给你好心情"
"今天你不适合搬家""留意路过的树木就会有惊喜"。不管这些内容的接
受者是什么星座,只需以随机的形式发给他们就可以了。我在此并不是
想表达对此类行为的蔑视,毕竟总有人更喜欢接近确定性或安全感的各
类提供者。

只要不是疯狂迷信、走火入魔,甚至到了伤害自我和他人的程度,上
述种种本也是无伤大雅的事情,要比绝对理性或坚信理性至上的人让人
觉得舒服。后者看起来更加冷血,而且要么心里悲苦,要么行为恐怖。典
型的悲惨案例当属著名的英国联想主义大师约翰·斯图尔特·米尔
(John Stuart Mill),他的父亲詹姆斯·米尔(James Mill)深受约翰·洛克
(John Locke)教育哲学的影响,把孩子的心灵看作一张白板,令小约翰接
受了过度严厉的教育。詹姆斯·米尔每天陪儿子花四五个小时做功课,
小约翰 3 岁学希腊语、5 岁学拉丁语、11 岁写专著、12 岁就达到了当时大
学毕业生的水平,终于被培养成了一台"理性的机器"。从小到大,小约翰
的情感和情绪都被严重忽略,他连表情都极为缺乏,极度缺乏游戏,也没
有任何伙伴;虽然他后来发表了《逻辑体系》《论自由》《女性的屈从地位》
《论社会主义》等名著,晚年还当上了国会议员,但终其一生都受到抑郁症
的困扰。

17 世纪究竟发生了什么,使得人类追求确定性的步伐被打乱了呢?
尽管没有谁公开反对宗教,但更确切地说,伽利略和开普勒等人一起证明
了宇宙竟然是按照几何学家所喜爱的样子构成的。当然,在当时所谓的
科学家们("科学家"这个称呼直到 19 世纪才出现,他们之前自称为自然
哲学家)看来,17 世纪科学的首要任务就是找到上帝的法则。而这时,史
上最重要的科学家之一,艾萨克·牛顿爵士,终于横空出世。牛顿作为一
个相当聪明的智者,从自然现象中发现了秩序。在牛顿关于力学三定律、
万有引力定律等一系列重大发现的著作中,根本没有不确定性的位置。

抽打陀螺，陀螺一定转，这是确定的；搬起桌子，桌子一定动，这是确定的；一个人平地起跳，还会落下来，这也是确定的。有了牛顿的方程，人可以跳多高，落下来用多久，都能计算出来——不确定性竟然没有发挥作用的空间了。

突然间，看上去人类已经能够克服不确定性了。在智者牛顿的指引下，飞机能上天了，飞船能登月了，人们甚至可以对海水的潮起潮落做出完美的解释，好像所有人都应该从此乐观起来。英国诗人亚历山大·蒲柏（Alexander Pope）为牛顿写了诗①：

自然及其规律藏在黑暗中

上帝说：要有牛顿！

万物俱成光明

这是多高的赞誉啊！但是，等一下！总有些人意识到，好像生命本身还没能用牛顿的理论解释清楚。牛顿的著名论著《自然哲学的数学原理》一出版就沉重打击了神学。神甫能给民众的安全感，越来越多地被牛顿引发的**机械唯物主义**（mechanical materialism）代替了。有了牛顿的公式，心理学也走进了**机械论**（mechanism）的时代。**机械论者**是不相信有什么高于客观世界的理性存在的。当时的心理学家，想把人类所有的行为都通过某些方式客观计算出来，但后来发现这是行不通的。20世纪40年代，心理学大师埃贡·布伦斯维克（Egon Brunswik）**将不确定性引入了心理学研究中**。他通过各种方法指出了物理学、自然界、人类行为这三者之间的区别，提出了**生态心理学**的初始概念，但遭到了当时主流心理学界的无情反对，导致主流心理学领域对人类行为本质的研究被推迟了很多年。

---

① 介绍牛顿的时候，后面要跟上蒲柏的诗，这几乎成了学术界，尤其是理工科的学者们写作的惯例了！

关于他的贡献,我们还会于后文中提及。问题在于,为什么又有人开始欢迎不确定性了呢?

1.4.3　不确定性的立场

仔细想来,一个人到底喜不喜欢不确定性,完全取决于不确定性带来的坏处是降临到敌人头上,还是降临到自己头上。所有人都应该知道,不确定性是无法消除的。理论上,没有人能控制明天是否下雨,但是如果明天下雨,可能会危及麦子的收获,农夫就会讨厌天气的不确定性,因为他承受不了假阴错误(万一真的下雨,收成会下降),于是求教于有一辈子耕作经验的老农夫,希望这位老农夫指导自己预测善变的天气。与人类亲缘关系较近的黑猩猩,有一种残忍的习性,新的雄性当了王,就会杀死所有非自己后代的小黑猩猩,然后与雌性交配,保证群体内只存在自己的后代;而雌性为了避免惨剧的出现,就故意在短时间内跟多个群体外的雄性交配,这样一来,新上任的雄性领袖就不能确定该雌性所生的下一个小黑猩猩到底是不是自己亲生的[1]。毕竟从怀孕到生产是一个长期的过程,所以雄性领袖不得不忍受一定程度的假阴(明明不是自己亲生的却没有被除掉),以避免过高的假阳(万一真是自己的,杀了就可惜了,所以就不去细究了,把它们都养大吧)。在前一个例子中,不确定性是坏事,农夫不喜欢;在后一个例子中,不确定性是好事,雌性黑猩猩会喜欢,虽然对新领袖是坏事,但给了小黑猩猩一线生机—— 敌人的敌人,就是朋友。

再举一个例子,奴隶制。在世界各国的历史和政治课本中,奴隶制都是受到批判的。但在关于美国南北战争的史料中,我们会发现大批黑奴拒绝被解放的奇怪事情。奴隶怎么可能不愿意被解放呢?除了南方奴隶主们夸张的陈情,很大一部分原因就在于奴隶们害怕不确定性。在那个

---

① De Waal F. Our inner ape: a leading primatologist explains why we are who we are[M]. New York: Riverhead Books, 2006.

时代，就算在美国白人之中也存在高比例的文盲，能够认字的黑人更是少得可怜。虽然境遇很差，但在奴隶主家里，奴隶至少能够保障自己的基本生存，在抵抗不确定性这件事上，确实是有一定保障的①。当时号召废除奴隶制的人，并不是都能清楚地告诉奴隶们，一旦得到解放，他们要如何生存下去，因此，必然会有许多奴隶不愿失去在美国南方种植园的生活。林肯总统时代的美国，工业还不够发达，对工人的需求并不高，而且工厂老板对工人的要求比农场主对农夫的要求要高很多。逃到北方城市的黑人，往往要长期面临失业、饥饿，有时连草皮都找不到。对很多奴隶来说，在水泥钢筋混凝土的城市里养家糊口，难度要比在种植园中更高。所以，有些黑奴是不愿意逃跑的，不少南方种植园的白人奴隶主喊着"帮黑人降低生存风险、促社会稳定和谐"的口号，甚至把自己家里的奴隶拉出来做演讲，呼吁反对林肯 1862 年颁布的《解放黑人奴隶宣言》，长期对抗废奴潮流。

当然，有时人为了抵抗不确定性，也会做出一些疯狂的举动。读者可还记得最大化方案？当年希特勒的纳粹屠杀犹太人，就是实施了最大化方案——宁肯错杀一百，不可放过一个。事实上，希特勒在令"冲锋队"实施了所谓的"帝国水晶之夜"行动之后发现，德国百姓并没有特别热衷于迫害犹太人，于是他寻求在国外进行"犹太人问题的最终解决"。灭绝式的集中营位于波兰东部，希特勒对德国国内的宣传，仅仅是将犹太人运走，所以德国人长久以来都不知道大规模屠杀犹太人一事，甚至德国国内的犹太人自己都不认为自己会面临这般的危险，否则 1938 年以后应该会有更多犹太人主动逃离德国。希特勒当然知道犹太人里富人多，受过教育的人也多，若有个别的犹太人逃出集中营，不仅会令纳粹损失一笔财

---

① 关于美国奴隶的经济状况，请参考诺贝尔奖得主罗伯特·威廉·福格尔的名著：罗伯特·威廉·福格尔，斯坦利·恩格尔曼.苦难的时代——美国奴隶制经济学[M].颜色，译.北京：机械工业出版社，2016.

富,而且一旦这个逃出去的犹太人通过媒体泄漏此事,就会大大增加外界知晓纳粹屠杀活动的风险①。既然不确定性这么可怕,希特勒就无法容忍假阴错误,不管到底是不是犹太人,只要看起来长得像,就全部抓到集中营里去。所以,按照这一"合理逻辑",实施最大化方案(这看似是唯一的选择)的"理性"的人,很可能同时也是世上最恐怖、最血腥的人。

至此,读者是不是越发觉得理性至上的思想要不得? 我在此再次补充说明:此处的理性,还是指向演绎推理,即从一个已知为真的大前提开始,一层一层地分析,直到我们获取其中隐含的子结论。也就是说,理性至上主义者的深层次错误在于,推理者没有认识到演绎推理的真实性必须是已经包含在大前提中的,推理的过程只是把这种真实性拆分、解释、体现出来而已;他们只关心体现出来的过程(工具理性),而不关心大前提的真实性——而这种真实性,就是科学家们善于探索的对象。

1.4.4　欢迎不确定性

为了保存自己的后代而为雄性领袖创造不确定性表象的黑猩猩母亲们,即便从未意识到基因和生育之间的关联,也在一定程度上实现了"欢迎不确定性"的举动。人类中的雌性成员也常常会有如此举动。事实上,母亲一方是可以直接单独进行生育工作的。在某些动物中,母亲会将自己的全部基因组放入卵细胞,然后克隆自己,由此得到的女儿可以同样通过克隆得到外孙女。作为现存最大的蜥蜴,科莫多巨蜥的体长可以达到 3 米,十几分钟就能吃掉一头野猪。它们通常是以雌雄交配的方式进行繁殖的,交配后雄性巨蜥会留在雌性身边几天的时间,阻止其他雄性靠近。但科莫多巨蜥有时候也会孤雌繁殖,也就是说,由母亲一方单独完成繁殖过程。即便没有父亲的参与,所有母亲的后代仍然会遗传母亲的所有基

①　塞巴斯蒂安·哈夫纳.从俾斯麦到希特勒[M].周全,译.南京:译林出版社,2016.

因。没有性，就不存在遗传成分的稀释，对后代来说，就不存在遗传上的不确定性。

性确实是繁衍后代的好办法，否则世界上也就不会遍布着依靠有性生殖的方式存活下去的众多生物。为了完成有性生殖，父亲一方要将其基因组中的一半复制到孩子的基因组内。如果单纯分析一下成本，我们会发现，为了让下一代继承自己的所有基因，有性生殖个体要生育孩子的数量是以克隆进行繁殖的个体的两倍[①]。这实在是非常不划算的。问题是，无性的情况下，相互竞争的有益基因突变中，除了最后保存下来的那一个，其余的都丢失了。克隆确实回避了性的双倍代价，但是要支付另一种代价：无法将不同基因组中产生的有益变异结合起来。也就是说，克隆无法在相同次数的代际遗传中适应不断发生变化的不确定的环境。

在有性生殖中，母亲一方拥有的卵细胞贮藏着支持早期胚胎的营养，后代所需的来自她的一半（随机的等位）基因，以及细胞质、线粒体等与她的细胞100%相同的重要遗传物质——都会稳定地遗传下去，这具备了本质上的确定性；而父亲一方的精子只提供了来自他的一半（同样是随机的等位）基因——这些完全不涉及后代胚胎所需的营养、环境、工具，本质上只是带来了不确定性。也就是说，只要外部的生存环境是确定的，母亲一方通过克隆就足以让后代应对各类生存难题了，而父亲一方的贡献，只有在不确定性肆虐，导致外部环境发生变化的情况下，才能有所体现。

读者可以想象这样的一个画面。很早之前，非洲大陆上有一群鹿，主要的食物来源是与它们身高相近的树叶。后来，非洲大陆的环境发生了变化，地面上的灌木越长越高，而这群鹿的食物树也变得越来越高，以雌性为主的鹿群发现越来越难以够到位置变高的树叶。母系是较稳定的遗传，父系则能提供更多的创新。能够获得外族雄鹿交配机会的雌性，所产

---

① Yanai I, Lercher M. The society of genes[M]. Cambridge: Harvard University Press, 2016.

生的后代就更有可能具备更加多样的新特征。雌鹿并不知道自己的后代
会继承自己或外族雄鹿的哪一个特征,但是外族雄鹿必然更有可能带来
遗传基因上的不确定性。比如,与生存环境封闭的鹿群相比,那些获得了
外族交配机会的雌鹿后代中更有可能出现脖子更长的鹿、肠子更短的鹿
或毛皮更厚的鹿。面对越来越高的树叶,显然长脖子的鹿更有可能生存
下来,而发生了其他变异、具备了其他特征的如肠道更短、毛皮更厚的鹿
就逐渐消亡了①。如今,我们在非洲看到了长颈鹿,正是非洲环境的不确
定性与鹿群雌性个体欢迎不确定性行为的相互作用而筛选出来的幸存
鹿群。

凡是有着大情怀的哲学家,都反对持有"以为自己知道"这类观点的
人。这种人是危险的,因为他认定自己获得了真理,知晓了最佳方案,所
以无法容忍那些与自己意见不一致的人,这就是傲慢的来源——我知道
我是对的,所以人们应该听我的。那些不赞同的人,就是疯子、巫师、不可
救药的老顽固,不配接受"真理";没有"真理",就失去了生存的意义,所以
不赞同的人都该死。与之相反的是,苏格拉底就总爱说自己什么都不知
道——这就是欢迎和拥抱不确定性的表现。以赛亚·伯林认为确定性是
非常令人讨厌的东西,最佳的状态应该是,无论任何事情,人们都应该有
多种相互排斥的意见,大家公平竞争就好,千万不要妄想找到一种解决方
案,把所有的差异都抹平。诺贝尔经济学奖得主弗里德里希·哈耶克
(Friedrich Hayek)更喜欢把这种想法称为"唯科学主义",他所担心和厌
恶的事情,就是站在唯科学主义立场上的**集体主义**(collectivisim)——正
如希特勒统治下的德国和斯大林统治下的苏联②。我想,可以真正把所有

---

　　① 当然,这个画面只是对自然选择的一种非常粗糙的模拟。影响因素是多种多样的,进化过程
也是长期的,我甚至"理应"无法辨认出树叶位置与长脖特征之间的因果关系才对。同样,母系等位基
因的随机遗传本来也是变异的来源之一,我"本不该"在提供创新材料这方面给予父亲们过高的肯定。
这如果啰唆太多,这个画面就太过繁复,无助于读者的理解。

　　② 弗里德里希·哈耶克.科学的反革命:理性滥用之研究[M].冯克利,译.南京:译林出版社,
2012.

差异抹平的方法，大概只能是将反对者杀光。明智的**理性主义者**（rationalist）并不认为人的理性可以使人成为全知[①]。也就是说，知识虽然可以增加，但是总有些东西永远是最后的假设（**极据**），是不容我们辨析清楚的。

讲到现在，我相信读者已能够理解：**方法 1** 里的事实判断，才是不确定性肆虐之处，而在**方法 2** 的逻辑上，我们相对更有把握不出差错。或者说，至少对那些天天思考怎么把话说得圆滑，为人处世中又能尽量不得罪他人的政客、专家、神甫们来说，把逻辑讲清楚，是相对容易的。**不确定性，尤其是客观环境下的不确定性，主要对人的通信能力提出了挑战。**

1.4.5　用信息抵抗不确定性

人类之所以需要"判断"，乐于追求智慧，就是因为人类总是面临着客观环境下的不确定性。如果世界是确定的，人类就能明确获悉某件事是否已经发生，而不需要再做此类判断。比如，如果老天爷的脾气并不古怪，一个人明确知道，其所在地区的降雨量绝对不会超过上一次大洪水灾害出现时的降雨量，那他就不需要判断是否有必要加高河岸的堤坝；世界是确定的，所以他的应对方法基本上也是确定的，他只要维护现有高度的堤坝就够了。客观环境下的不确定性程度越高，人在主观上的不确定性也就越高。我们已经知道客观环境下的不确定性是无法降低的（人定胜天的想法非常局限），所以，人类从古至今都生活在一种巨大的不确定性的阴影之下。

人类抵抗主观不确定性的方法，就是尽一切努力获取更多的信息。某人看上了一套房子。要不要买呢？他肯定要货比三家，读一些报纸杂志，听听各路专家的意见，再问问所在小区里其他住户的意见。获取的信

---

① 路德维希·冯·米塞斯.人的行为[M].夏道平，译.上海：上海社会科学院出版社，2015.

息越多,他心里就越有底。但他目前所做的只是被动使用信息。人使用信息的方式,还可以是主动的;人可以通过各种实验,自行拆分信息主体。人们之所以需要主动一些,就是因为人早已习惯了的因果关系——不论任何事情,人总是喜欢为它找到一个原因。只不过,在如今越来越复杂的现代社会中,这种现象看上去不再突出了。在 19 世纪 50 年代的英国,人们一旦发现男同性恋,就会认为他生病了。同性恋是一种病,这是当时用于解释为什么"男人会喜欢男人"这一问题的主流观点。伟大的计算机科学之父,阿兰·图灵(Alan Turing),据说因为"依法被迫接受"对同性恋倾向的各种治疗,最终无法忍受而服毒自杀。实际上,导致同性恋现象的原因有很多,成长的经历、儿时的阴影、父母的喜好、生活的环境,许多原因都可能最终导向同性恋这种结果;同时,这一现象并不是孤立的后果,有时它还产生了伴随其出现的一系列其他后果,比如异装癖。这种**多因生多果**的现象,学者们称之为**因果模糊性**(causal ambiguity)[①]。

因果模糊性,使得习惯于被动使用信息的人感到无所适从,于是他们总是发出"看不懂这个世界"的慨叹。如今,信息大爆炸,信息的数量增加且相互交织,要找到对应某一特定结果的那个特定原因,就变得非常困难。这就是为什么世界上还有实验研究这回事。我们需要那些主动出击去拆分信息的研究者,希望他们能够使用科学的方法来帮人们寻求更稳定的因果关系(尽管许多哲学家们认为世上并不存在什么因果关系[②],那我们就理解成为"更稳定的相关性"好了。向大卫·休谟致敬![③])。注意,我在此将其称为"科学"的方法,并不是一种类似于人们平日里夸赞某项

---

① Hammond K. Beyond rationality: the search for wisdom in a troubled time[M]. Oxford: Oxford University Press, 2007.

② Pearl J, Mackenzie D. The book of why: the new science of cause and effect[M]. New York: Penguin, 2018.

③ 这个问题被称为"休谟问题",即从"是"能否推导出"应该",或者说,"事实"命题是否能推导出"价值"问题,本质上就是关于因果和归纳的问题。详见 Hume D. A treatise of human nature[M]. New York: Dover Publications, 2003.

成就或某位领导时的恭维话，而是确实要说这些研究的方法很"科学"。读者稍微回顾一下前文的内容，应该就能有一种体会，逻辑上，我们的确能实现自我完善，但是在事实判断方面，我们面临着客观环境下巨大的不确定性；因为不确定性的存在，任何判断都会存在"假阳＋假阴"的套餐。因此，我们做判断的过程，本质上就是在信息处理过后选择"我到底是更能接受假阳，还是更能接受假阴"的过程。

人们常说，重要的事情说三遍，就是通过冗余来提高对方阅读环境的能力。这是防止对方做出错误判断的常用方法之一。

一个正在高速路上开车的司机，目的地是北京，但他不确定下个路口应该左转还是直行。此时出现一个指示牌，上面写着"北京，下个十字路口左转"。司机可能看到了，但没记住，当他到了下个十字路口的时候，他会不会犹豫？有没有一丝的可能性，他最后直行而没有左转呢？当然有可能。人类常犯类似的错误。那么，如果在他经过一个指示牌之后，相同的指示牌又出现了 10 次，他到路口时还会犹豫吗？当然不会。有这样高强度的冗余，他不太可能走错路。

第 2 章
通信能力与连贯能力

2.1 进化论的威力

在接下去继续讨论之前,我们必须明确一点:人类现在所具有的遗传特性,大多是为了适应环境、保存自私的基因、努力求得生存而演化至今、保留至今的。为什么我们向丛林中看一眼,就能发现其中的老虎,而不是注意到"左边的灌木与后边的灌木在叶子形状上的差异"? 因为那些无法立即发现老虎的人,特别容易受到老虎的突袭,已经被演化过程淘汰掉了。客观上讲,"演化"这个词更适合用来描绘进化论的内容,因为"进化"一词本身似乎暗示着物种前后有高低之分。其实进化论的本意是指生物在能够适应当下环境并顺利生存的前提下不断变化,并非指从确定性的低级到高级的发展变化。总之,如今的我们,都是那些"老虎及时发现者"的子孙后代。

2.1.1 感知能力的稳定性

读者应当明确的是,"迅速发现周边环境中存在的威胁"属于一类非常重要的能力。让人类赖以生存的,正是这类能力。比如,许多人一听到巨大的连续声响，就会感到心慌气短，一边喊叫，一边逃跑。究其原因，读者可以将其简单地总结为：因为没跑开的祖先大多被叫叫着冲过来的猛兽吃掉了。这也是一种非常有价值的能力，它帮助人类顺利生存至今。一听到巨大的声响就能做出上述反应，减少了动作灵敏的猛兽接近自己的机会。叫喊，也许是为了提醒其他同伴注意危险，并为叫喊者本身提供保护。心跳加速，是为了瞬间加快血液循环，为人体的四肢提供能量和养分。当我们嘲笑那些大惊小怪的行为时，最好也能理解这类行为的源头。

注意，这种能力必须是稳定的。如果有些人今天很警觉，明天却变迟钝了，还是极难生存下来，并把基因传给后代的。随着人类的代代演化，子孙后代也越来越多地具备这类稳定的能力，或者，更严格地说，具备这类能力的子孙后代在总人群中所占的数量比例越来越高了。而且这类能力在遗传过程中越来越稳定。也就是说，即使现在只是某个朋友恶作剧般用鞭炮的声响来戏弄你，你仍旧会本能地大叫着逃跑。现代社会不再强调我们依靠上述能力生存，甚至在很多时候，它们给人带来的不便之处更多一些，比如，经常会大叫着逃跑的人，会被他人笑话胆子小，也许会无法正常享受游乐场里的刺激型娱乐项目。但人类（而且还只是部分人类）进入现代社会的时间并不久，在这种社会中繁衍的代数很少，还不足以造成基因上的巨大变化。我们的祖父辈甚至父辈之中，仍有不少人有过劈柴烧火做饭、到山里寻找食物，甚至需要躲避野兽袭击的人生经历。所以，我们这代人，大体上仍然继承了先人的这类能力，而且这类能力已经近乎本能。人类所具有的基本感知能力都是非常稳定的。这就属于我在本书中提到的通信能力。

2.1.2　人的理性特殊性

前面讲到，通信能力，是使用**方法 1**进行事实判断的能力。客观世界是否如我所判断的那般？如果是，说明我通信能力很强。实际上，不管是人还是其他动物,通信能力一般都是很强的。向森林里看一眼,不只是人类可以立刻发现其间的老虎,其他的动物,比如兔子、小猪、梅花鹿,它们大多也能立刻发现其间的老虎。用之前的方法,读者也可以将其简单理解为:那些没能及时发现森林中的老虎的兔祖先、猪祖先、鹿祖先,大多早早被老虎的祖先吃掉了。但也许就像古希腊先哲们所说的那样,只有人具有理性。人类被认为是唯一具有连贯能力的物种,能理性地进行逻辑判断。可能有读者会说,猫科动物很聪明,猿猴也很聪明,但是它们的聪明程度最多达到人类儿童阶段的水平。迄今为止,并没有谁能教会一只猩猩证明两个三角形全等,也没有谁曾成功指导一匹斑马在草地上画出两个对称的圆。

如果有机会,读者可以向一个没见过电灯的小孩子,演示一下开灯的过程。很多小孩子会表现得很诧异。确实,初次面对开灯的场景,不仅小孩子会感到诧异,小猴子也会感到诧异。但区别在于,当小孩子逐渐长大,在中学阶段学会物理电路知识之后,不给他开关和灯泡,只在纸上画出基本的电路图让他看,他仍然知道在何处连通就能让虚拟的灯泡发光,而其他任何动物都做不到这一点。当然,有些经过马戏团培训的小猴子能做算术题,但显然没有哪一个驯兽师肯让观众现场随机给它们出题。

有人会说蚂蚁会挖洞,蜜蜂会筑巢,他们看上去都是非常理性的动物。科学家们为此提供了许多的解释,但是我在此想提醒读者先试着用进化论的语言来理顺两种能力的出现顺序。很显然,通信能力的出现和提高,远远早于连贯能力。就算你认定蚂蚁是理性的,你也至少可以推断,最早的蚂蚁肯定是不能像今天的蚂蚁一样挖出超级宫殿般的复杂洞穴的。但是拿智人与其相比,我们就会发现,蚂蚁的行为远比智人的行为更容易预测,更可预期。

理性与创新是息息相关的。理性能力足够强的行为主体倾向于创新,而理性能力较弱的则偏爱守旧。从进化的角度来看,在由连贯能力差、理性能力弱的个体组成的群体里,选择了创新的个体将被自然选择所淘汰,活下来的都是守旧的个体。蚂蚁的认知能力远低于智人,故与智人相比,自然选择更可能淘汰那些尝试创新的蚂蚁,结果,蚂蚁的行为比智人改变得更少,也就形成了更可预期的行为模式。

再举个例子,智人在变老的过程中,理性行为能力的弱化常常要早于运动功能上的弱化,也就是说,连贯能力来得晚,去得早,与通信能力相比,连贯能力的塑造和维持难度更大。我们经常说一个人岁数大了会变成"老小孩",显然不是在夸赞老年人的理性能力变强了,也不是在抱怨老年人行动困难造成的不便,而是面对大脑功能退化、认知功能下降、理性能力变弱了的老年人时,人们需要安慰自己,提醒自己要用对待孩童的耐心来对待长辈。"老小孩"的现象,在护理学中有对应的专业术语,称为infantilisation,即婴幼儿化。老年人的退行性行为增加,就会表现出很多幼稚的行为,像个孩子一样,于是很多家庭成员会使用对孩子说话的语言和声调对待老年人,而且表现出一种错误的姿态——由着他们按照自己喜欢的模式进行生活,然后将此看作孝顺的表现。实际上,这种做法大错特错。

理性行为能力弱的人,常常更加守旧,这点我想大家都是深有体会的。理性行为能力开始退化的老年人,像小孩子一样,喜欢选择吃习惯了的食物,喜欢选择走习惯了的路线,喜欢选择穿习惯了的衣服,甚至对于每一件物品的摆放位置都表现得十分敏感,禁止他人随意挪动。其实此时更好的应对方法是不要表现得那么"孝顺",而要增加他们运用连贯能力的机会,"训练"老年人保持创新和适应新鲜事物的热情。避免用对孩子说话的方式与他们进行交流,这样既可以减少居高临下的不平等感受带来的抵抗情绪,又可以减缓他们放弃理性且开始单纯倾向于服从的婴幼儿化过程。家人所必然应当协助的是通信能力下降的老年人,当他们听不清、看不见、动不了的时候,家人孝顺的举动是很有价值的,但是家人更需要帮助老年人维持连贯能力,在理性问题上过早地妥协,才是家庭代际矛盾产生的重要原因之一。

2.1.3　阅读环境的欲望

　　结合前面讲过的内容,我们看到,人害怕客观世界的不确定性,所以会一直试图获取更多的信息,降低主观上的不确定性,在客观世界中做出精确判断。比如,农夫想知道今年夏季雨水多不多,往往会询问老一辈的人,或者密切关注气象局公布的信息,或者在夏季到来之前记录降水情况——这都是试图获取更多信息的行为。不知读者是否注意到,不论何时,人都对各类八卦和小道消息特别感兴趣,但凡有人聚集的地方,只要出现交流,就会出现谣言。人人都爱听谣言,并希望成为智者,成为信息的权威中心,积极寻求他人的关注,把自己包装成智者。

　　人类获取更多信息的欲望一直都很强。阅读环境,尽可能让自己生存,把基因传递下去,这是人类进化的必经之路。人类文明一路走来,正是人类不断增强阅读环境的能力的过程。原始人可能在丛林中迷路,为了减少遭遇危险的可能性,人类学会用各类标志物或符号提醒自己和他人:左边是狼窝——前方危险;右边是悬崖——前方危险;到此处请直走——前方有丰富的食物。环境难以阅读,人类于是创造文字和符号来帮助阅读、简化阅读。如今的城市,都有固定区域布局,都有道路名和门牌号,于是人们阅读城市环境的效率就提高了很多。人类创造的这些制度,正是为了让自己可以迅速获取更多的信息。

　　因为有不确定性,人类的制度本身也是在不断进化的。显然,制度是相对于自由而言的,只要有制度,就有对自由的限制。城市里的道路和各类标志物提高了人们交通运用的效率,确保人们可以更安全、更确定、更有效地到达目的地,同时也限制了人们自由穿行的可能性。要想每天都安全快速地到达目的地,自然就不能随时随地闯红灯或逆行。当零散分布的树木被整齐划一的街区所取代时,行人阅读环境的能力提升了,比如要到达某个银行,可以选择向左穿行再向右转,也可以选择向右穿行再向左转。但与此同时，行人可选择的自由选项数量下降了，要到达那个银行，再也不能像穿越树林那样随意穿行了，而是只能选择向左或者向右。

最表层的制度是一套人类行为的规则，更深层的制度，则与文化传统乃至无意识世界的规则密不可分。所谓规则，就是防止人们的行为偏离这项规则。哈耶克曾说，今日人类知识的绝大部分是被保存在我们的传统里的，所以我们只能是我们传统的选择，而不是我们选择我们的传统。试想一下，在城市化进程出现之前，人类在自然环境中的生活充满了更多的不确定性，所以能够活下来的人，必然是遵循规则的人。蒙古高原上的克烈部和乃蛮部必然精于骑射，阿拉伯沙漠里的贝都因人必然熟悉骆驼，印尼群岛马都拉族和巽他族必然习于水勇于泅，由此而来的就是各族群的文化传统。正是早期较高的不确定性，使得现代人继承了深厚的传统，塑造出强大的通信能力，同时又乐于反抗传统对自己的束缚，越来越善于运用迟来的连贯能力。

2.2　多重可疑指示物

2.2.1　认知科学的基础

多重可疑指示物，所对应的就是前文提到的**因果模糊性**。人要进行判断，必然要找到些依据，而且同时面临"多个指向同一结论的依据"时，会让人比"只获得单一的依据"更加自信。

证据 A，一个"老虎的脚印"——如果我们单纯通过证据 A 认定附近有老虎，则可能是误判；

证据 B，多人同时发现了"老虎的毛"+"老虎的尿液"+"老虎的粪便"+"附近有一只死鹿的骨架"——多个依据同时指向"这里有老虎"的判断，尽管无法降低客观上的不确定性(有可能是某个人的恶作剧)，但是主观上的不确定性被降低了(有更大把握认定此处确实有老虎)。

但如果我们回过头来看，有些依据是多余的：有"脚印"和"死鹿"出现时，判定"有老虎存在"的可能性已经很大了，为什么还要去额外地关注"虎毛"？请读者不要忘记，多余的依据越多，人就越能够肯定自己的判断。换句话说，人类文明的发展过程，同时也是不断累积和制造这种依据的过程——越是多余，越是有把握。

举个例子。

男性为了把基因传下去，必须学会追求异性的正确方法。对女性来说，也是如此。这个女生到底对他有没有感觉呢？她约他共进烛光晚餐(这个依据已经很明显了)，吃饭时一直看着他(多余的依据)，还一直拨弄自己的秀发(更多的细节依据)，他是不是该主动出击了？很明显，为了降低失误率，他始终在寻找更多依据(这些依据在本质上就是信息)，然后才能对自己的判断更有把握。终于，他出手了。

后来，为了帮助他的儿子追求异性，他可能会把上述的全部信息变成**经验判断法则**告诉儿子(里面有晚餐、眼神、拨弄秀发这三个要素)；儿子为了让自己的儿子、外甥和侄子学会这种技能(也许儿子特别想扩大家族势力)，可能会在精炼之后，把上述信息变成**理论判断法则**，比如写一本便于家族基因延续的《约会操作手册》，在书中更详细地总结关于眼神和拨弄秀发这两点多余依据的注意事项。

到了孙子那一代，为了帮助自己所在的更大范围内的族群，他可能会编辑一本便于民族基因延续的《男女恋爱通则》，甚至将"女性拨弄秀发的方向与色彩喜好之间的关系"进行详细的总结，形成厚重的社会文化研究型论著。

这样一种发展过程，可以被总结为"恋爱成功学"的发展过程，但本质上，它是人类通过制造多重可疑指示物的**冗余**(redundancy)提高环境阅读能力的过程。

　　既然女生已经约他一起烛光晚餐了，为什么他理解不到女生的具体想法呢？其实他已经理解到了。只是，如果能再收集到一个指向"她喜欢我"的指示物，比如她一直盯着他的深情眼神，就会让他对"她喜欢我"这个判断更加有信心；同时，如果他确实在开始阶段出现了判断错误，比如他对异性的信号不够敏感，误判为女生对他没有好感，那么，"女生一直看着他且拨弄秀发"这些冗余的指示物，就可以帮助他修改之前的错误。

　　冗余的多重可疑指示物，可以带来非常多的好处。信息提供的过程本身增加了女生的成本。她要完成晚餐、眼神、拨弄秀发这三件事，是要费心思、费精力、费时间的，如果对方仍不知趣，甚至她还可能要费钱给他买礼物。但这些行为，整体提高了令男生做出正确判断的可能性。

　　设想一下，一个正在高速路上开车的司机，目的地是北京，但他不确定下个路口应该左转还是直行。此时出现一个指示牌，上面写着"北京，下个十字路口左转"。司机可能看到了，但没记住，当他到了下个十字路口的时候，他会不会犹豫？有没有一丝的可能性是他最后直行而没有左转呢？当然有可能。人类常犯类似的错误。那么，如果在他经过一个指示牌之后，相同的指示牌又出现了 10 次，他到路口时还会犹豫吗？当然不会。有这样高强度的冗余，他不太可能走错路。人们常说，重要的事情说三遍，就是通过冗余来提高对方阅读环境的能力。这是防止对方做出错误判断的常用方法之一。

　　人能从一种信息中得到关于其他事物的信息，这属于人的认知过程。简单说，就是人的大脑从一个**指示物**（indicator）推导出这个指示物所指向的事物。指示物与生理学中所讲的刺激不同。刺激一般都是实实在在的物理作用。历史上第一次丝绸之路兴起时，罗马所需要的中国商品主要是丝绸，因为这种半透明的衣料被认为更能表现出人的性感，对人的皮肤也更加温和，有着舒适的触觉刺激；罗马人还从阿拉伯半岛和印度采购上等的丁香、胡椒和肉豆蔻作为香料，甚至用来制成香水，这是为了寻求更好的嗅觉刺激;汉朝张骞出使西域,第一次带回来的石榴,第二次带回来的大蒜,都是如今常见的中国食物,能带来不错的味觉刺激。第二次通过丝绸之路,中国从伊朗进口大量的含钴染料,为陶碗等器物绘图和上色,带来了绚丽的视觉刺激;金元时期进入中原的唢呐、唐朝宫廷广为流行的琵琶,最早也都是从草原民族和波斯引进的乐器,可以产生多变的听觉刺激[①]。指示物就是关键的信息,是指向其他某些事物的信息。这是认知科学的基础。

在此,我觉得需要提到一些神经科学的内容,帮助大家理解我们的大脑本身。过去的几十年中,许多神经学家都认定人类的大脑和传统计算机类似,但其实人脑和计算机存在两点本质上的区别。我先给大家介绍两对概念。

第一对概念,是关于事件因果结构的:

(1)**串行结构**:一个事件只有一个原因、只有一个结果(比如,吃杏子吃多了必然上火;上火了必然口腔溃疡)。

(2)**平行结构**:一个事件有很多的原因和结果(比如,上火可能是吃杏子吃多了导致的,也可能是吃人参吃多了导致的;上火以后可能口腔溃疡,也可能流鼻血)。

第二对概念,是关于事件因果框架的:

(1)**决定性框架**:一个事件必然导致另一个事件(比如,1+1 必定等于 2)。

(2)**可能性框架**:一个事件只是可能导致另一个事件(比如,1+1 可能等于 2,也可能算错了等于 3)。

我们常见的电子计算机是典型的"串行结构+决定性框架",而人类的大脑则是典型的"平行结构+可能性框架"[②]。当你使用 Mathematica、

---

① Frankopan P. The silk roads: a new history of the world[M]. New York: Vintage, 2017.

② Bor D. The ravenous brain: how the new science of consciousness explains our insatiable search for meaning[M]. New York: Basic Books, 2012.

Matlab 甚至 Windows 系统自带的计算器软件进行"1＋1"的计算时，首先，计算机肯定没有同时在计算"今天市区停电的概率"；其次，计算机基本上会认认真真告诉你，计算的结果等于 2。而当你试图问一个朋友"1＋1"这类的问题时，首先，他脑子里很可能同时在想着"今天买的彩票能不能中奖"；其次，他极有可能告诉你等于 3 或 4 或 5，或者干脆忘记了你的问题，并在喝完下一口酒之后问："你刚才问我什么来着？"

正是因为我们的大脑可以同时运行多种可能的计算过程，我们的信息处理方式才能比计算机更灵活。1981 年诺贝尔生理学或医学奖得主大卫·休伯尔（David Hubel）与托斯坦·维厄瑟尔（Torsten Wiesel）曾提出了一种关于视觉的神经模型，他们发现，一组神经元会对视线内的信息，比如一架灰色的石桥，产生快速的电反应，只在有行人横穿过此桥时，其他神经元才会被激活，然后，大脑中关于石桥的神经元与关于行人的神经元的信息拼接起来，从而获得周围世界的完整图像。而近期的研究表明，能按照上述模型做出反应的神经元还不到 10％，也就是说，总有很多神经元显示出一些活动，但它们对任何刺激都没有稳定的反应，我们根本还无法判定"它们到底在想什么"[①]。由此，我们比计算机更容易产生偏见；具有与当前判断无关的个人偏好，也更容易受到外界的影响。人类大脑的这种特点，是我们在判断与决策过程中具有的一种倾向。

对计算机来说，串行结构并使用确定路径解决的问题才是适合它的问题。比如，"计算 603 与 897 634 的乘积"，别声张，别干扰，计算机不会考虑其他因素，只会加足马力进行运算，直到获得答案。可是如果让计算机在看到人脸时立刻识别出对方的名字，这就有点难；如果让计算机观察一个人的面相，并让它判断这个人能否活过 100 岁，这就更难了。后面的这两种任务实际上极其复杂，需要处理大量的、交叉的、不同领域的信息，

① de Vries S E J，Lecoq J，Buice M A，et al. A large-scale, standardized physiological survey reveals higher order coding throughout the mouse visual cortex[J]. bioRxiv(2018)：359513.

而人类却只需要几秒钟,甚至简单看一眼,就能给出一个答案。

人类的大脑大约有 850 亿个神经元,每个神经元平均与另外 7 000 个神经元相连,构成超过 600 万亿个联结。一个神经元,每秒可以发射 10 次神经冲动,而且能同时向所有与其相连的神经元发射。这是什么概念?这意味着我们的大脑可以每秒钟都疯狂地、高效地、复杂地运转。那计算机的芯片呢? 如果你愿意拆一台电脑来仔细观察的话,就会发现它的排列特别齐整、有规则,应该很难让你联想到疯狂而混乱的运行场景。

另外,人脑的每个神经元都是高度灵活的,每个神经元只负责存储非常微小的信息(比如某个神经元只处理一张人脸的鼻尖粉刺的形态),但是能记住大容量的同类信息(比如几千张脸上鼻尖粉刺的形态信息)。相比之下,计算机的存储是非常多元的,每一个地址都只能存储一项信息(微小到一个开关的状态,可以代表 0 或 1——计算机是采用二进制的),一旦已经存入信息,其他的信息就无法进入了。

由此可知,计算机适合在短时间内处理大量简单任务,**人脑则更适合同时处理几个极端复杂的问题**。记住这一点,读者就可以更轻松地理解人类的判断与决策过程。

2.2.2　冗余的把戏

认知心理学家们用冗余来表示多个指示物提供同一信息的情况。比如,同事一开始对我说,他家与我家之间的距离有 2 里[①];后来他又说"咱们两家相距一公里"。显然,他说的这两句话,单就两家之间的距离信息而言是等价的。重复表达,就存在冗余,因为一公里本来就等于两里。但是,此时的冗余,确实能增强人们对判断的信心,即使信息是重复的,并没有谁得到新信息。为什么冗余能增强人的信心? 也许是因为对人类来

---

① 里,汉语长度单位,1 里=500 米。

说，有时记住更多信息会比记住少量信息更容易①。比如，演说家们喜欢使用"位置法"帮助自己记忆。要记住一堆物品时，可以想象自己在一所房子里，依次走过处在不同位置的物品。这比单纯记住所有物品的名称要容易些，因为它增加了每个物品的冗余表示。冗余，至少能提高人的记忆能力。

还存在某些情况，有多个指示物指向同一方向，能让人推断出同一件事。这不仅能增强信心，还因为人们确实也因此获得了新信息，这种信心的增加在逻辑层面也是合理的。比如，早上，同事老张说小东的脸变小了；中午，同事老李说小东的腰变细了；晚上，同事老吴说小东的双下巴消失了。小东从多位同事那里获得了多个指示物，都指向"小东确实瘦了"这个方向，于是小东对自己成功减肥的信心就增强了。

所以，读者一定要当心，有时指示物是存在冗余的，有时却是独立且汇聚的。**在所有依据之中，独立（independent）且汇聚（convergent）的多个指示物，是最强的一种依据。** 老李并没有与老张单独聊起过小东，也没听过其他人说起小东的胖瘦，那么，老李的评价与老张的评价就是彼此独立的，老李和老张对小东分别做出的评价是汇聚于同一方向的，于是我们判定两人的指示物独立且汇聚。

许多国家的情报机关，为了保证情报的正确性，常常要求不同团队的情报人员分别收集同一目标指向的情报，但前提是他们之间不许进行交流。如果 A 组收集情报指向了一场叛乱，B 组收集的情报也指向了同一场叛乱，只有在 A、B 两组未曾沟通的前提下收到他们分别上报的信息，才能算是最强的叛乱指征。各组之间互不交流，是为了保证指示物的独立性；各组上报的信息指向同一方向，证明指示物是汇聚性的。各组之前

---

① Seung S. Connectome：how the brain's wiring makes us who we are［M］. New York：Penguin，2013.

的事先交流程度越低,对这一结果的预测强度越统一,决策机关就掌握越强的独立且汇聚的指示物依据,所做决策失误的可能性也就越小。

区分指示物到底算冗余还是汇聚,是现代人面临的巨大挑战。在自然环境中,冗余的信息来源和汇聚的信息来源是很难区分的。**偶然的情况下,人们可能会误把汇聚当成冗余**。但现代人的特性之一,是倾向于把冗余误判断为汇聚。大家都在一个公司,老吴很有可能在晚饭之前就已经听到老张或老李对小东体重的评价了。为了讨好小东,又为了表明他不是在听别人夸小东才跟着夸的,所以老吴极有可能会特意以双下巴消失为切入点来称赞小东。小东在不知情的状态下,自然会把这三个同事的指示物当成独立且汇聚的信息。殊不知,其实老吴的信息是冗余的。而小东一旦因为多了这第三个人的评价而变得对自己的减肥计划更有信心,就落入了冗余的陷阱里。如果把这个结果推向极端,我们可以想象,时间久了,小东就会成为过度自信的人。我们身边都会有几个过度自恋的人,他们的自恋倾向,往往就是被身边的人如此"惯出来的"。

2.2.3　不同环境的指示物

自然环境不可预测,而人造环境却是高度有序、高度确定的。在人造环境中,我们可以轻松地进行判断。典型的人造环境就是汽车。油灯闪烁——缺油了;显示系好了安全带的人形图标在闪烁——有人未系好安全带。因为一切都是高度有序的组合,所以判断起来不难。在汽车内,人们只需要一个指示物,指向唯一的目标,进行唯一的推断就行,整个过程就是如此简单。对比一下自然环境:天空中飘来了乌云,却未必有雨;田野中遇到了狼群,也未见得你就刚好是它们的猎取目标。人造环境的安全性明显高得多。这种对自然环境无序状态的永不满足,就是我们智人祖先的重要演化优势。

自然环境中遍布着指示物,对智人来说,也就意味着存在过多的冗余。人要增强对判断的信心，就要习惯通过获取更多信息（哪怕是冗余的）来抵抗不确定性。人造环境没有对冗余的高需求，因为制造冗余就会增加成本，降低效率，反而增加了不确定性。许多人觉得理工科的学生常常看上去比较木讷，这与他们长期处在人造环境中不无关系。他们容易形成根据唯一指示物得出唯一结论的理解习惯，与面对计算机构架或电路结构时的学习工作环境相比，参与到人数较多的晚宴或舞会中时，他们需要面对各类相互冲突的指示物，以及各类难以获取的信息，举止也就会显得更扭捏一些。

　　与自然环境类似，人类的社会环境也是很难找到秩序的。就像"一边是晴空万里（指向不下雨），一边是燕雀低飞（指向下雨）"这种令人无所适从的自然环境，人际关系中类似"昨天跟你聊心事（心疼你），明天对你捅刀子（伤害你）"的现象也经常让人感到迷惘。各种相互冲突的指示物，其复杂度远远高出任何一个典型自然环境的数量级。所以人类社会中出现了习俗、法律、制度，来限制并简化指示物。没有秩序就创造秩序，这是人类社会基本的发展逻辑。当今所有现代化程度较高的地区最令人感到舒适的特征之一就是充满了秩序感和安全感。改革开放之初，之所以很多初次接触外商的中国人觉得来自欧美发达国家的外国人"看上去很傻"，是因为这些"老外"他们长期生活的社会环境中相互冲突的指示物较少，而简单的指示物能让他们轻松推出唯一的结论。在国际贸易发达的今天，当从小就在秩序感很强的一线城市中成长起来的中国人走出国门，在那些欠发达的地区工作生活时，他们也会被当地人看作是"简单而天真"的人。同样地，他们也只是更早习惯了本土社会环境中指示物的秩序而已。

2.2.4　错误判断的源头

　　前面讲到，人类通过指示物的冗余来提高自己的环境阅读能力，冗余能给人带来进行二次判断或修改先前判断的机会,最终增强我们的自信。这种发展过程的缺点之一是带来了多重可疑指示物。也就是说,每一个指示物都有可能指向多个方向,每个结果都可能来自多个原因,而且每一个指示物都有可能是错的,制造了多因生多果的因果模糊性。存在冗余,人类习惯的归纳推理才有用处;存在冗余,人类才可以进行多次的推断。而当多重可疑指示物存在时,从不同指示物中推理得到的结论就有可能不同,甚至相互矛盾。既然万事之因是交织在一起的,就一定存在多因生一果的情况;虽然在理论上冗余可以让人通过多次推断最终做出正确的判断,但也使人很难区分哪个原因才是正确的,这常常让人直接做出错误的归因——这就是错误判断的源头。

举个例子,中国有传统中医,而西方人也有传统西医。西医里有一种放血疗法,风靡世界三千年。当然,传统中医的治疗方法中也是有放血疗法的,但是没有像西方社会那样发展到如此疯狂的地步。现代人大多了解血液的重要性,也知道轻易给人放血是没有意义的,但是当时的人并不知情,他们的判断就来源于错误的归因。可能真的在某些条件下,某些人偶然发现,如果把有毒的血放出来,病人就能起死回生。但是请读者注意,病人活过来的原因可能有很多:也许他自愈了(比如法国幸运的"太阳王"路易十四[①]),也许是医生的救治过程为病人带来了安慰剂效应,也许他确实被放出了"毒血"(虽然可能性很小)。但正是**多因生一果**这种情况的存在,前人不知为何,恰好把所有的功劳都归于这种可能偶然"有效"的放血疗法。

传统西医的"专家"们放血是有专业工具的,这些工具叫作柳叶刀(lancet)或放血针(fleam)。著名的医学学术期刊《柳叶刀》就得名于此。挪威皇室 13 世纪就开始使用这种方法治病,当时这是贵族专享的待遇,

---

① 路易十四在病愈前经历的还不只是放血,另外还有灌肠(传统西医的另一种可怕医术)。参见:Gallo M. Louis XIV, Tome 1: the sun king[M]. Paris: XO Editions, 2007.

平民则是后来才有机会被职业医生放血的。到了 19 世纪，人们甚至开始使用蚂蟥来吸自己的血[1]。很多大人物都死在这种庸医之术上，比如美国第一任总统乔治·华盛顿（成年男性一般有 5 升左右的血，他死前 10 小时内被放血约 3.75 升[2]）、诗人乔治·戈登·拜伦（36 岁时淋雨发烧，医生在他太阳穴上放了 12 条蚂蟥吸出了超过 3.6 升的血，当然他还服下了能引发腹泻的大量蓖麻油[3]）和英国斯图亚特王朝的"快活王"查理二世（因为要治疗中风，他被放血 0.7 升[4]）。

关于多种原因交织造成的后果，我觉得要讲得更清楚一些。如果存在多个原因，且每个原因都对应着同一结果，那么我们做推断时就不容易出错。比如，乌云密布、呼吸烦闷、燕雀低飞，这三个现象都对应着"马上要下雨"这个结果。单一的原因，不足以提高我们对结果（下雨）这一推断的准确性；多个交织在一起的原因，则可以帮助我们提高这种准确性。但这又带来另一个问题：到底是什么导致下雨的？是乌云？是因为空气不清爽吗？还是由低飞的燕雀引起的？既然原因多重交织，那么人在做归纳推断时就容易出错。比如，有人可能会归纳得出一个结论，认为燕雀低飞会导致降雨。我相信大部分读者都有一定的地理和气象常识，在今天的我们看来，这样的结论很可笑，是典型的错误判断。任何一个指示物都是可疑的，都是可能出错的，就相当于引入了不确定性——万一某天燕雀是因为偶然相互追逐打闹而低飞的，推断出"燕雀低飞会导致降雨"这一结论的人就有可能误判很快会下雨。

下雨的例子看上去很幼稚，可我们是否已经脱离了类似的幼稚状态

① Ulvik R J. Bloodletting as medical therapy for 2 500 years[J]. Tidsskrift for Den norske legeforening, 1999, 119(17): 2487 - 2489.
② Vadakan V V. The asphyxiating and exsanguinating death of president George Washington [J]. The Permanente Journal, 2004, 8(2): 76 - 79.
③ Schnakenberg R. Secret lives of great authors: what your teachers never told you about famous novelists, poets, and playwrights[M]. Philadelphia: Quirk Books, 2014.
④ Parapia L A. History of bloodletting by phlebotomy[J]. British Journal of Haematology, 2008, 143(4): 490 - 495.

呢？至今还有很多中国人只要发烧就习惯性地盖上数层被子"捂汗退烧"；很多人愿意高价购买犀牛角和象牙来"磨粉治病"；大批的男同胞们坚信用熊掌和虎爪泡酒喝可以"健骨壮阳"；还有不少人相信"乌鸦一叫，此战必败""黑猫出现，厄运缠身"。错误的归因，就相当于人类给自身带来了某种不确定性，令自己成为被动使用信息的人。出战与否取决于乌鸦的数量；今日是否适宜参加面试取决于前一晚遇到的是黑猫还是白猫；儿孙是否孝顺取决于有没有给父母购买昂贵的保健品。到头来，我们还是在面对各种不确定性时感到无所适从。好消息是，如今的我们有了科学，掌握了这种主动做控制变量实验、主动拆分信息的方式。科学是迄今为止人类在面对不确定性时唯一靠谱的武器。

2.2.5 因果论的曲折命运

读者可以细想一下，"有因必有果，有果必有因"这种说法，其实只是人类在精神世界里创造出来的解释方式。对于**归纳推断**这件事，其实没有谁有十足的把握为其背书。有了乌云，人就推断会下雨——注意，这只是人的推断而已。具有理性能力的人类为了提高自己的生存能力，不得不对世界上的万事万物进行因果推论。人类通过观察，将本质上"无关"的两件事，习惯性地**归纳推断**（总结）为："因为 A 所以 B。"

古希腊时期的哲学家们发明了**演绎**（deduction）和**归纳**（induction）这两个词。从当代人的角度来看，整个科学世界建立在归纳推理的基础之上。用一部分样本来代表整体，科学家们只研究（也只能研究）这一部分，然后得到一般性结论。请读者注意，这种一般性结论只是"高度可信"而已，并不是"绝对"可信的。我们究竟应该以怎样的方式进行**归纳推断**呢？为什么西方传统医学认为生病应该放血、中国传统医学认为生病应该补血？难道是"碰巧"有几个西方古人看到"放血后病人活过来了"，而"碰巧"有几个中国古人发现"补血后病人活过来了"，所以产生了双方"碰巧"

得出了相反的结论？难道一切都只是凭**运气**(chance)而已？

　　大卫·休谟干脆认为不存在因果性[①]。他认为，一方面,任何对象就其自身而论,并不含有任何东西让我们推出一个超出它本身以外的结论；另一方面,即使我们观察到一些对象的常见的或恒常的结合以后,也没有理由得出超过我们所经验到的那些对象以外的有关任何对象的任何推论[②]。本来"乌云"和"下雨"就没有关系,不是"因为 A 所以 B"的关系,而只是 A 比 B 发生得早而已。一个人,刚刚看到 A,紧接着看到 B,就认定是"A 导致了 B",这种推断其实是有问题的！罗素的火鸡(Russell's Trukey)问题[③]说的就是这个道理。伯特兰·罗素(Bertrand Russell)为了讽刺归纳主义者,曾描绘了这样一个场景。在火鸡饲养场里的火鸡,发现每天早上主人会来给自己喂食,最终,在长期观察之后,它得出结论：主人总是早上来给我喂食。圣诞节快到了,主人还是在早上出现,结果他把火鸡给杀了。火鸡归纳得出的结论过于简单和乐观,因为在它的世界里,"主人来杀我"就如同本书前面讲过的"千年不遇的大雨",是受到不确定性影响的、未曾出现和被归纳的信息。

　　我们再讲回到多重可疑指示物,这是智人历史中最重要的行为依据之一。举个例子,骨架相对更小的东亚各民族,突然遇到身形高大的其他人种,出于自卫的本能,往往会生出防御之心。因为肤色、种族、语言都有差异,常会出现诸如"非我族类,其心必异"之类的社群反应。先不讨论潜在的种族歧视问题,单就自我保护这方面的反应来讲,请读者思考,比如,一个日本人是怎么得出"眼前这个壮硕的黑人可能会对自己造成威胁"这样一个结论的呢？关键之处,就在于多重可疑指示物。身材高大,与他平

　　① 对此观点的总结(其实是反驳)详见：Locke J. An essay concerning human understanding [M]. Hackett Publishing, 1996.

　　② 大卫·休谟.人性论(上册)[M].关文运,译.上海：商务印书馆,1980.

　　③ Russell B. The problems of philosophy[M]. North Charleston：Createspace Independent Publication，2014.

时见到的普通亚洲人有差异——这个指示物指向"危险";肤色黝黑,与他平时见到的普通黄种人有差异——这个指示物同样指向"危险";语言不通,与他平时听到的吐字发音有差异——这个指示物仍然指向"危险"。但是,他"竟然"从中推断出了这样一个结论:对方极有可能会向自己发起攻击!这似乎是个非常奇怪的结论!毕竟"有差异"与"危险"或与"要向自己发起攻击"是完全不同的指向性描述。你看,每一个指示物都可能出错,没有任何证据能证明"当一个日本人遇到黑人时,前者受到攻击的概率会突然提高",即这种结论缺乏**生态效度**(ecological validity)。

日本人一定好斗?法国人一定浪漫?犹太人一定有钱?当然不是,可哪怕是受过高等教育的人都常常难以理解,表现出非常缺乏生态效度的推断结论。既然有些指示物可能是错的,进而可知,人们平日里所形成的各种**刻板印象**(stereotype)是多么经不起推敲;再进一步,与地域、种族、外貌等有关的各类歧视,基本上也都没什么道理。但是,对多重可疑指示物的合理推断是需要练习的,普通人很少有机会进行相关的训练,所以容易犯一种**基本错误**:纯粹把各种指示物的信息相加。比如,要判断"这个男人是否可靠",他具有的特征包含"身材魁梧""公司高管""喜欢开豪车""喜欢喝威士忌"等。大部分人是不会将同类信息区分成多个类别进行细致赋值的,而是把以上这些特征当成具有"分值"的独立性条目,直接将其总分相加就得出结论!

2.3 两种反馈

2.3.1 慢慢进化出来的能力

前面讲了通信能力,现在来讲逻辑判断上的连贯能力。人类当然不是生来就知道"什么是理性"的。因竞争力太弱而不得不从树上跳下来的智人先祖，始终通过自然选择（natural selection）过程来不断增强自己的能力，而他们在**演化初期重点得到增强的能力，与其他动物一样，主要是通信能力**。比如，能越来越快地发现危险，身体越来越强壮，动作越来越敏捷。后来，慢慢地，人类才学会了讲故事①。语言进化在某种程度上就是智能进化，人类语言最独特的功能，在于传达一些根本不存在的事物的信息。人类大脑进化过程中一次偶然的基因突变，让人具备了"虚构"的能力，从而突破了150人的互动人数限制。有了虚构的故事，其延续就构成了所谓的"文化"或模因（meme），开启了日行千里的高速文化演化。文化形成的关键材料是"思想"，思想的融合与创造改变了人类认知世界的本质方式。

叙事能力出现了，连贯认知能力就开始爆发了。有人说，苏格拉底愿意以死来维护自己的信仰就是典型的"连贯能力在起作用"，因为"逻辑上需要这么做"，所以"坚持到死都要这么做"，而不是按照通信能力行事，选择逃跑。公元前399年苏格拉底因"腐蚀和败坏青年"的罪名而被雅典法庭判处死刑，当他明明有逃跑机会时，他拒绝越狱。从心理学角度来分析原因，苏格拉底本人就是这些法律的制定人之一。他制定了法律，就意味着他在逻辑上认为这些法律是正确的，违反这些法律的人应当接受处罚。现在他如果逃跑，就说明他不认可这种法律对违法者规定的处置，即他不认为法律制定者是正确的——而他就是法律制定者！所以，从心理学角度来分析，苏格拉底不逃跑，就是对自己的连贯能力表示尊重的体现。

毕达哥拉斯把万物归于数学逻辑时，并没有考虑这样做是否可以让自己的步伐更矫健；伽利略之所以受到教廷的迫害，并不是因为他发现了

---

① 这个复杂的解释过程多见于人类学（anthropology）、语文学（philology）以及发展心理学（developmental psychology）方面的著作，可参考畅销书：尤瓦尔·赫拉利.人类简史：从动物到上帝[M].林俊宏，译.北京：中信出版社，2017.

月球表面不光滑,而是因为他连贯解释的理论与教廷的神秘主义起源理论相冲突。最终他能逃过一劫,并不是因为他否定了自己观察到的结果,而是因为他宣布放弃自己的连贯理论,假装那些发现都是新的经验事实。后来的焦尔达诺·布鲁诺(Giordano Bruno)维护日心说,并非只是为了维护某一个事实结论,而是不放弃自己理论上的连贯需求而已。不管站在哪一边,其实大家都不仅仅是为了争一口饭吃或是争一个交配的机会,而是在维护自己思维的连贯性。

在叙事能力之后出现的书写能力,也在很大程度上强化了逻辑运算的重要性。有了文字且文字可以被保留下来,更大规模的社会结构才能存在;有了可参照的且能被固定下来的规范,人们就能依据这些文字来进行逻辑判定。判断一个嫌疑人有没有违法、应不应该处罚、量刑如何裁定,这都只能是书写能力出现后才能进行判断的人类行为。书写改变了人类的思维认知,把人类从"单纯的叙事"带入"更加充满逻辑的丰富世界"。书写没有代替图画,是因为社会结构越复杂,用图像表示语言的需求也会越旺盛。这就形成了两种连贯性:书写带来的有序的、线性的分析连贯性——让矛盾凸显再分析;图画带来的整体的、分布式的模式识别连贯性——创造整体性的感觉。大家印象中最爱追求逻辑性的数学,既能将以数字和符号表达的语言形式与书写关联起来,又能将以几何表达的语言形式与图画关联起来,所以,数学是既能锻炼人的连贯能力,又具有强大的逻辑性,并能保持一致性的学科。

在人类的狩猎和采集时代,人对连贯能力没有高层次的要求。他们面对的都是多重可疑指示物,人们习惯性地把各种信息相加,以此来进行判断——这是对通信能力的要求。有脚印、有血迹、有争斗时掉落的毛发,每个指示物都指向一点——有一只受伤的野兽在附近。冗余带来信心,人类习惯性地把这些指示物的重要性进行相加或平均,判断附近是否有受伤的野兽。如果有,接下去就判断是否值得去寻找。如果值得寻找,就动身前往。此时此刻,通信能力是最重要的:只要能作出事实经验上的准确判断,就减少了自己被饿死的概率;判断错误,饿肚子的日子就会到来,生存概率就会下降。此时此刻,没有人关心连贯能力,逻辑有什么用?对没吃饱的智人来说,逻辑根本不重要。渐渐地,人类进入农耕时代,上述局面就出现了变化。农作物生长与水分、阳光、肥料、土质之间有什么关系?这是人类必须想清楚的重要问题。于是,**这种劳作方式的变化,与组织结构、书写一起,召唤着人类连贯能力的出现和强化。**

2.3.2 反馈是关键

现代教育理论告诉我们,反馈是成功学习的重要特征。一般来讲,反馈有两种。

(1) **结果反馈**(outcome feedback):告诉学习者是否实现了目标;成功还是失败;考了多少分。

(2) **认知反馈**(cognitive feedback):学习者在指导和教育中学习;读懂任务要求;看没看懂课文。

狩猎和采集,结果反馈一般都能迅速获得。有没有抓到兔子、采到果子、吃进肚子,结果立刻就出现了。这很接近战斗类游戏,生死立判。相比之下,农业耕作的结果反馈存在很明显的延时。现在种下去,秋后有没有收成,不是马上就能知道的,这就如同每个学期的期末考试,结果来得特别晚。之所以大多数人更喜欢打游戏而没那么喜欢上课学习,就是因为游戏里存在即时反馈。反馈的延时长短,是根据环境不断变化的,而农业时代的人们更懂得如何在这种具有长久延时的结果反馈影响下学习。

认知反馈[①],简单地说,就类似于学生有没有理解老师所讲的或是课

---

① Todd F J, Hammond K R. Differential feedback in two multiple-cue probability learning tasks[J]. Behavioral Science, 1965(10): 429-435.这篇文章第一次提出"认知反馈"的概念,但其根源是埃贡·布伦斯维克的透镜模型。

本里所写的内容。有经验的猎人会告诉年轻猎人在狩猎时应该注意些什么。比如,要小心观察脚印,注意隐蔽,看到小鹿要降低行动时的声音。这些内容相对来说是比较容易学的,因为属于线性关系——脚步声音越大,逃走的小鹿就越多——所以人的通信能力进步很快,人类变得越来越敏捷,反应也越来越快。但对于农耕时代的人来说,有经验的农民需要告诉下一代,浇水越足,庄稼长得越好,但水量超过一定程度,庄稼就容易涝死。这类经验相对来说就不那么容易理解,因为是非线性关系——凡事都有一个最优解,多了少了都收不到粮食,人必须努力计算出这个最优解,于是连贯能力就发展起来了。

人类是因为必须要耕作才不得不发展出连贯能力的。结果反馈延时很长,却能让学习者看清因果关系,在需要更多复杂知识的农耕劳作过程中,认知反馈取代了结果反馈,成为更重要的学习因素。可惜的是,连贯能力至今尚未得到足够的重视,当今许多国家和地区的领导人仍然在强调通信能力。当然,在农耕文明历史悠久的中国,大多数家庭比较重视对青少年连贯能力的培养,最具典型的表现,就是家长们对理科的重视。效果如何,我在此处不做评价,但家长们的出发点在于满足就业市场的需求,所以中国的理科生数量始终多过文科生。二战前后输出大量理科人才的美国,近年来始终没能扭转本国年轻人对理科的负面印象,2006 年美国总统小布什曾公布《美国竞争力计划》,提出要大力培养具有 STEM 素养的人才。STEM 指的是科学(sciencc)、技术(technology)、工程(engineering)、数学(mathematics)四门学科。不管是中国的理科还是美国的 STEM,一般情况下都被认为属于比文科或人文、社会、艺术等学科更加侧重连贯能力的教育类别。

对于以上的社会现象,读者可以这样理解:因为大多数人还没有发展到具备强大连贯能力的地步,所以整个社会所推崇的,就不是更困难但更"高级"(或者说至少是更"晚近"出现)的连贯能力,而是人类更熟知且更容易获得的通信能力。此中原因，刚才也已提到，即连贯能力的学习过程更为辛苦，人们必须在缺乏事实经验支撑的情况下（比如无法预知庄稼收成）提前根据连贯理论进行判断（比如要浇多少水），而在整个过程中，结果反馈的延时是很长的（比如春种只能等秋收）。所以，迄今为止，大多数学习者还是偏爱玩打斗类、生死即判的游戏，对长年累月之后才能显现出优势的刻苦学习与训练，常常缺乏持久的兴趣。

2.4 自我否定的质疑神力

2.4.1 "强大的"连贯能力

连贯能力的强大之处在于，既然连贯性是以逻辑、理性、推导这类不以人的意志为转移的方式出现的，那么它一旦开始质疑，就可以把一切都摧毁。连贯性的社会、团体、理论都终结于连贯性的质疑过程。这也是为什么我总对那些极端理性的人保持警惕，对他们试图越轨的行为，我始终在小心提防。我的这种行为倾向，颇受儒家礼教的影响。在后者看来，数学从业者就该认真研究数学，不该妄图组织群体运动，哲学工作者就要仔细打磨逻辑，不要轻易倡导社会变革。回顾历史，我们发现，有些极权社会的统治者特别爱讲理性，爱讲逻辑，喜欢先立法，先成立"合法"机构，再剥夺每个人的自由，而且在行恶时告诉民众：折磨你的不是我，而是依法办事的机构以及合法行权的组织。这是不是特别可怕，也特别让人感到绝望？

我们现在可以想象每个时代的强人，想象那些时代的辉煌灿烂，但历史不忍细读，这些强人的共性之一就是时刻准备着维护自己信念的连贯性。他人若不信，就强迫他相信；他人拒不配合，就消灭之。最典型的案例之一,就是毕达哥拉斯的噩梦。

公元前 6 世纪的古希腊哲学家、数学家毕达哥拉斯,曾带领"毕达哥拉斯学派"为数学等学科的发展做出了重要贡献,因此西方社会将长期为中国人熟知的勾股定理称为毕达哥拉斯定理①。这个学派尤其重视提高自身的连贯能力,并时刻警惕破坏连贯性信仰的异端分子。比如,他们认为万物皆数,整个宇宙是数字的和谐体,而且认定所有的数字都可以用两个整数之比(分数)的形式来表示。直到有一天,内部成员希伯斯(Hippasus)使用毕达哥拉斯定理计算出"边长为 1 的正方形的对角线长度为 $\sqrt{2}$ ",而这个数字是无法用两个整数相除来表示的! 能用两个整数相除来表示的,学派成员称之为有理数(rational number),像 $\sqrt{2}$ 这样的数字不配这样的称号,于是被称为无理数(irrational number)。他们为了维护自己连贯性的信仰,只好规定谁都不能把"世界上存在 $\sqrt{2}$ "这个秘密泄露出去。传说当时希伯斯提出这个问题时正与其他成员在同一条船上,于是众人把可怜的希伯斯扔到海里淹死了。这件看起来平常的小事竟被称为"第一次数学危机"②。

推崇连贯性的热浪,集中在一个小团体里面也就罢了,令人担忧的是,它会蔓延到国家和社会层面,这将造成可怕的后果。非洲现代史上三大暴君的恐怖行径,就是这类典型案例。让·贝德尔·博卡萨(Jean-Bédel Bokassa),曾自诩为"中非拿破仑",1966 年政变后成为中非共和国总统、1976 年称帝,并授予自己元帅头衔,身兼政府 14 个部长职位,要求

---

① 当然,对于这种称谓所体现出来的"欧洲中心论"的世界观,我们是要持批判态度的。印度人早在毕达哥拉斯出生前至少 200 年就发现并记载了这个定理(见于《祭坛建筑法规》)。

② 到了 19 世纪,许多数学家都建立了实数理论,无理数被彻底阐述清楚,并确立了其在数学中的合理地位,第一次数学危机才算成功化解。第二次数学危机使得牛顿和莱布尼茨创立的微积分合理性遭受质疑,无穷小量的概念备受批判,直到法国数学家柯西(Cauchy)用极限的方法定义了无穷小量,此次危机才得以化解。第三次数学危机则源于罗素悖论,受到打击的是集合论,英国哲学家、数理逻辑学家罗素构造了集合 S(一切不是自身元素的集合所组成的集合),震动了数学界,直到库尔特·哥德尔(Kurt Gödel)于 1931 年用不完全定理的证明宣告"把数学彻底形式化的愿望是不可能实现的",才化解了此次危机。

国内每个学生都要使用印有博卡萨头像的练习本，否则不许上学[①]，他还把自己的头像印在衣服上，免费送给国民穿戴，国内百姓不论男女老幼，都必须是自己党派的成员，年满 18 岁就要缴纳党费；伊迪·阿明·达达(Idi Amin Dada)与博卡萨同被称为"吃人魔王"，1971 年政变后成为乌干达总统，自封的名号竟由 43 个单词组成[②]，公开承认崇拜希特勒，赞成屠杀以色列民族，禁止乌干达女性穿迷你裙、用化妆品、戴假发，还曾强迫穿凉鞋的人把自己的鞋子吃掉；蒙博托·塞塞·塞科(Mobutu Sese Seko)，扎伊尔共和国(刚果)总统，主张"一个领袖蒙博托"，从 1970 年开始让自己作为唯一的候选人竞选总统并一再连任，成为不可批判的国家象征[③]，强力推行非洲化运动，命令所有国人不许再给孩子起基督教的名字，不许国人穿欧式服装，不许穿衬衣、打领带，所有官员必须佩带蒙博托头像的领章，新闻必须在蒙博托画像前录制，他甚至对群众大肆宣称"是我造就了你们"，于是整个国家便始终在"没有蒙博托，就没有扎伊尔"的狂热之中。

有学者把这种连贯型社会(coherence society)称之为**极权社会**(totalitarian society)[④]。在这样的社会中，为了让一切都合乎逻辑、具备连贯性，每个人都必须按照规定生活和工作，不许任何人逾矩。而所谓的完全不逾矩，本质上就是剥夺人的自由。

---

① 可笑的是，博卡萨为了敛财，总是哭穷，自己同时担任了 8 个国有企业的董事长，仍不满足。结婚 13 次，每次都靠办庆典来搜刮民脂民膏，后来还命令全国中学生必须穿皇后服装店生产的制服，这些制服高价售出，不穿的学生要开除。

② 阿明的称号为"His Excellency, President for Life, Field Marshal Al Hadji Doctor Idi Amin Dada, VC, DSO, MC, Lord of All the Beasts of the Earth and Fishes of the Seas and Conqueror of the British Empire in Africa in General and Uganda in Particular"，可令所有喜欢拥有名号的君王感到汗颜。

③ 蒙博托在 20 世纪 70 年代是世界上最富有的人之一，身为非洲领袖，竟在葡萄牙有大庄园，在法国有公寓，在瑞士有农场，在比利时有办公楼，全国 30% 以上的产值都与其家族有关，在他的行宫旁可以起降飞机的年代，工人的工资水平竟然降到了十年前的 10%。

④ Schmitt C. Dictatorship[M]. Cambridge: Polity, 2013.

一切法律的本质都是自然法,都是对已经形成的不成文制度的成文追认①。著名的古罗马政治家、法学家、哲学家和演说家马库斯·图留斯·西塞罗(Marcus Tullius Cicero)认为,自然法是与自然即事物的本质相适应的法,其本质为正确的理性。历史证明,追求当下无限高的连贯能力就是低估了通信能力所要直面的不确定性,但凡把新事物一棍子打死的,最终也都会死于乱棍之下。乌托邦总是无法长久存在的,从乌托邦管理者试图依据律法条文要求每个人服从集体的那一刻起,这个乌托邦就消失了。

捷克前总统瓦茨拉夫·哈韦尔(Vaclav Havel)曾说过一段著名的话:只要能把整个社会密封起来,极权统治就可以看起来坚如磐石,可但凡出现了一丝裂缝,再硬的石头也会即刻分崩离析,因为里面的所有人都已经看到了照耀进来的光亮。按照极权统治者的想法,一切都按规矩来,整个社会才能理性地运作;但他们无法容忍一丝的不和谐,所以把异见者全部除掉,宁愿忽视通信能力(即使异见者说的是事实,也必须否认事实除掉他),不惜一切维护连贯性(即使这样做不科学、不实事求是,也要贯彻执行)。由此可知,一个完全没有争吵的连贯社会,永远都是在剥夺了人的自由基础上挣扎着维护表面的逻辑和理性。问题是,**方法 2 无法评价事实判断**,逻辑理性上的连贯能力是无法帮助人应对事实上的不确定性的。一场动乱、一场灾难或者一个不起眼的微小事件,都有可能引发蝴蝶效应,引发一场"甚至找不到负责人的反攻倒算",这就是那些永远在寻求逻辑自洽的人注定要面对的悲剧。

2.4.2 连贯的两面性

连贯性,是一把双刃剑。它既可以让极权者拿来控制每个人的一言

① Oakley F. Natural law, laws of nature, natural rights[M]. London: Continuum International Publishing Group, 2005.

一行，也可以让科学家拿来造就伟大的自然理论大厦。理性的人不需要对所有恶行的动机做有罪推定，我也从不相信每个被后世宰为极权主义者或恐怖主义者的人，从一开始就抱定决心要对某些人凶狠或残暴。关键在于，一个人所坚持的逻辑和理性，统统抵不过客观世界的不确定性。这就好像，这个人要费尽心力打一场胜仗，可惜拿错了武器，等到手下队伍因恐惧而四处逃散时，他只好拿着对敌人尚且不够强大的武器，无意义地击杀那些愿意看清现实且想要自由选择的本方逃兵，还妄想此举能以儆效尤。这些制造了恶性的人，只是没有解决"如何用方法 2 应对本该用方法 1 面对的挑战"的问题而已。

科学家们追求真理，但是在经历了哲学家以及科学家自己的几番蹂躏之后，也已经接受了**概率真理**的概念。公平地说，科学属于理性研究的领域，不管是社会科学还是自然科学，都常常采用归纳推理和演绎推理的方式得出结论。使用归纳推理得出的结论，学者一般认为是概率真理，因为在归纳时毕竟还没有穷尽整体。

概率真理的意思是说，没有绝对意义上的真理，而每个科学结论都是可以被证伪的[①]。如果一个人提出了一个新的定理，却同时告诉大家，此定理必然是真的，是无法证明其错误性的，那就不算科学定理。但是，这个定理既然是可以被证伪的，就需要很多人从事实和逻辑方面进行评价，即当人们发现它逻辑上没有问题的时候，它还要在历史长河中经历事实的考验。如果都通过，并且反复被验证能通过，还必须是不同的、独立的、多方的验证，才可以被认定是**现阶段的真理**。

看起来，科学家所谓的真理，总是让人感到非常焦虑，历经千辛万苦，好不容易才被认可，却还只能是现阶段的真理。是的，虽然逻辑上可能没问题了，但事实上未必就永远没有问题。这就是我在本书中要表达的核

---

① Popper K. The logic of scientific discovery[M]. New York: Routledage, 2002.

心要点之一：对于演绎推理来说，"判断其论证是否有效"很容易，但是"判断其前提是否为真"就非常困难。人爱行其易，则有他人欺其易。

此中关键，在"永远"二字。别忘了，客观世界总是充满不确定性的！还记得罗素的火鸡吗？等到某一天，未曾观察到的事实出现了，如果恰好之前的"真理"不能解释这个新的事实，科学家们就需要新的理论。因此，科学家们的理性（连贯能力）是保证其理论科学性获得打磨和验证的工具。但因为客观世界的不确定性总是确定的，将来一定会有一天，当旧理论面对无法解释的新事实时，科学家们需要再次拿出理性之锤，把那个过时了的旧理论砸得粉碎。

从控制能力的角度看，现阶段的真理和现阶段的极权是同一类东西。两者都是绝对权威，绝对统治；想要质疑它，就会面临绝对意义上的困难；在与它们开始论战之前，要经过各种非理性的考验（想想那些小时候让老师们失望的天才少年）；一旦失败，面临的将是绝对意义上的劫难（具体有多惨，参见被烧死的布鲁诺）。而当它们垮台时（比如"地心说"），也同样如摧枯拉朽一般，瞬间失去生存的意义，立刻跌下神坛。当然，两者也同样会在消亡一段时间之后，仍被无知的后人们怀念，仍被恋旧的老人们祭奠，仍被未曾受其所累的人们贴上或真或假的光环，通过各类"翻案"或"正名"的举动来表达自己的特立独行或他们心中所谓的"尊敬"。

2.4.3　可怜的常识

我有时会想，连贯能力的发展肯定意味着文明的发展，因为从通信能力向连贯能力的转换本质上就是人类从早期的物质战场走向未来的精神战场的过程。凡是最终被人类社会接受的发明创造都是帮助人类付出更少体能或付出更多精力、时间的东西。有人曾说，20 世纪最伟大的发明是洗衣机。洗衣机的普及，大大降低了家务劳动的工作量，让女性走出家门，得以接受教育，最终进入劳动力市场，让人类社会通过家庭女性的解放而获得了更高的生产力。

什么样的结论看上去更可信？那一定是连贯能力催生出来的结论。我想，关于这一点，从人的行为倾向性方面也能解释一二。直接给出通信结论的人，往往给人一种"容易被质疑"（因为人人都知道，或者说至少能意识到不确定性的存在）且"没有费力"（事实摆在那边，只是恰巧被你拿来说罢了）的印象。相比之下，连贯结论"难以质疑"（因为逻辑复杂，人无法立刻意识到其中存在的问题）且看似"不易为之"（不管怎么样，毕竟是要费了很多脑筋才能得到），所以，人爱行其易，姑且信之。完美的论证，无懈可击的推导，最容易让一个人生出敬畏之心。

什么样的结论看上去更可疑？那一定是通信能力催生出来的结论。尽管能当场让人无话可说，眼见为实，不得不信，可是单纯依靠通信能力获得的结论，始终容易受到不确定性的影响。读者一定听说过**误差**（error）这个概念。一根树枝，用不同的尺子测量长度，其所测结果之间可能总是相差几个毫米；即使用同一把尺子测量多次，数次测量结果之间也仍旧可能相差几个微米。但是，人类如此渴望生存和繁衍，会格外珍惜那些能让人暂时抛开不确定性的结论，格外眷恋那些结论所能带来的安全感。不管这个将军打过多少胜仗，一次惨败，就可能让一众官兵对他失去信心。而当你问任何一个人，相不相信"1＋1＝2"，他肯定说相信。数学是完美的，数学的逻辑是足够缜密的。通信能力再强都强不过理性的力量。人类就是这样贪恋着连贯能力的魔法，尽管人类曾一次次由于这种魔法而魂不附体，自相残杀。也许有人会问：到底什么样的人才是有智慧的人？我不敢妄自断言，但是我至少可以用排除法，先把一种人排除出去——单纯相信理性的人。

前文提到过最大化方案带来的理性灾难，但我在此还需要进一步作几点澄清。首先，理性其实本质上是一种正误判断，不涉及程度的概念。任何一段论证，要么是理性且符合逻辑的，要么是不符合理性且没有逻辑的。理论上讲,不存在如下的情况:有人说了一段话,在理性方面可以打 70 分,又有人说了另一段话,在理性方面可以打 90 分。一段话若是理性的,就是满分,不是理性的,就是零分。满足理性的标准很简单,就是满足之前反复讲到过的逻辑自洽,即用推理的有效性代替可靠性。但前文已经提到,可靠的未必有效,人们在此时往往会忽略使有效变为可靠的关键要点:**前提必须为真!**

曾领导德国屠杀了近 600 万犹太人的希特勒可以这样陈述自己的观点:

(1)根据社会达尔文理论,不适应环境的人种是终将要被淘汰的;

(2)犹太人是不适应环境的人种;

(3)所以他们终将是会被淘汰的。

现代社会的绝大多数人显然不会赞同上述观点。犹太人中出现了大量优秀的人才,他们曾为人类发展做出过巨大贡献。但刚刚这几句话符合逻辑吗?是的,他说的话符合亚里士多德的三段论,是逻辑自洽的。这是典型的逻辑推理,你可以在事实判断上指出其错误,比如犹太人其实是非常适应环境的,要不然也不可能发展到现在且发展得这么好。问题在于,你无法断定这句话不合逻辑。

三段论的逻辑有时候会因为人的**信念偏差**(belief bias)而失效。比如:

(1)所有的正常人都是右手写字;

(2)阿辉是用左手写字的;

(3)所以,阿辉不是人。

请问这个推理是否合乎逻辑?是的。但大多数人都不会认可"阿辉不是人"这个结论。我们本来就有"左撇子也是正常人"的信念,所以这种信念会让我们对"阿辉不是人"这个结论的有效性做出判断,即它是错误的。尽管结论是符合逻辑的,但由于我们对"所有的正常人都是右手写字"这个前提是有清晰认识的,并且知道它是错误的,所以我们不认可最后的结论。可怕的是，如果我们对某个前提缺乏清晰认识，如果我们无从验证或懒得去验证这个前提的真伪，这个结论就会被"滑过去了"，得以悄悄地被人们接受了。

可是，读者之所以会认为希特勒的上述观点不正确，依据的是什么？其实是所谓的事实判断（**方法 1**）。可你如何确认自己说的话一定是事实？其实你并不能确认这一点，你也从来没有一个指标或适应力测量工具来确认"犹太人适应环境"。仔细思考过后，读者就会发现，人们应用的这种依据，竟然是我们所谓的**常识**（common sense）！常识是生活中常用的知识，是社会情景的组成部分。它有两点基本特征：一是常识以实践为基础，所以重视"知其然"而漠视"其所以然"，形成不了规范性的知识体系；二是常识以特有的方式适于应对复杂情形中的问题，但难以形式化①，所以无法用来分析超过日常生活范畴的问题。

刚刚提到的犹太民族，在大多数人的常识中，确实曾出现过很多优秀的人才，比如颠覆人类认知的几位名家：阿尔伯特·爱因斯坦（Albert Einstein）、卡尔·海因里希·马克思（Karl Heinrich Marx）、西格蒙德·弗洛伊德（Sigmund Freud）。但是，如果把犹太人换成巴斯克人（Basque）呢？大部分人的立场就可能会突然被弱化。

巴斯克人是欧洲最古老的民族之一，如今主要居住在法国和西班牙边界的比斯开湾和比利牛斯山地区，长相、语言、出身与欧罗巴人种全然不同，人口不过百万，聚集地面积不过 1 万平方公里。读者也许会突然意识到，包括你自己在内的大多数人，常识中全然没有这些知识。这个时候，如果希特勒按照刚刚的方式对人们进行知识的灌输和教育，人们也许会觉得他非常可信；当年的德国民众，就是这样被希特勒迷惑的。既然人们不懂，希特勒就一边建立逻辑，一边按照他的需求挑选客观知识中看上

---

① Watts D J. Everything is obvious：once you know the answer[M]. New York：Crown Business，2011.

去对自己有利的内容，填塞进去。民众要么缺乏科学质疑的能力，要么干脆懒得费劲去追究其内容的对错，大多数民众无法进行事实判断（**方法 1**），所以只好依赖逻辑判断（**方法 2**），认定希特勒说的话是对的。他抢了犹太人的钱，再分给民众，民众拿了钱，自然更加相信他；他发现这种方式有效，就必然再去劫杀犹太人。这样就形成了恶性循环。所以，我们可以这样认为，缺乏科学精神教育，对民众来说，就是少了一件抵抗理性至上主义者的武器。

现在还有很多人没能认识到法西斯纳粹的可怕之处，甚至有不少西方人，尤其是青少年崇拜希特勒。除了缺乏深入骨髓的反纳粹教育，人们还常常受制于"对别人的论断无从判断"的情况。宣称能返老还童的神奇保健品、带有主角光环的领导人传奇故事以及各类外国势力集团阴谋论，之所以这么迷惑人心，且能广为传播，就是因其能利用人们"在无法使用**方法 1** 的情况下，喜欢只用**方法 2** 来进行判断评估"的这一坏习惯。

有一篇被广泛转发和阅读的网络热门文章，它的起始段是这样的：

> 人的一生中，有三分之二的时间在床上度过。××床垫不但能激发你的机体磁场，而且还能提高生物活性。赶紧给自己选个好床垫吧！

类似的广告宣传随处可见，其实可以就此提出许多问题。人的一生真有如此高比例的时间是在床上度过的吗？什么是"机体磁场"？什么是"生物活性"？磁场和生物活性之间有什么关系？这个床垫是如何激发磁场的？生物活性和健康或者长寿之间有什么必然关系？这种关系是不是其他关系取代不了的？人的直觉，特别擅长帮我们进行"脑补"。一张纯油墨覆盖的纸片，因为塑造了一个裸女的形象，就能让男性变得激动起来。男人们不知道这只是一张图片？他们知道。男人们不知道这张图片带来的视觉刺激必然不同于真实的男女交往？他们也知道。直觉，本身能填补额外的信息，而处于信息缺乏状态下的人们难以克服常识本身通信能力不足的问题，到最后只好抄近路，取捷径，凭直觉进行脑补后的逻辑来认定。

要反对种族主义者的不当言论，其实与要看清上面这类广告的路径是类似的。首先，读者可以思考，为什么要反对种族主义言论？因为，尽管他们的话可能不存在逻辑问题，但那些话的内容让人感到被冒犯了——人们倾向于使用所谓的常识进行判断。常识可以告诉你，种族主义是不对的，地域歧视是不对的，歧视残疾人也是不对的，但是那些话在逻辑上是可以没有问题的。关键在于，我们要时刻保持警惕，意识到常识本身不需要完整的逻辑。正因为习惯于把冒犯或讨喜的内容与充足或缺乏的逻辑结合起来进行判断，人们才总是渴求自己能具有足够的智慧。在大多数人看来，常识丰富的人，本身就是有智慧的人。走在这类"追求智慧之路"上的人，更倾向于依靠泛滥的直觉，而吝于详尽的分析。

为什么人类在好不容易发展出了理性分析的能力之后，还是在坚持依靠直觉呢？

恩爱的夫妻被问到"为什么当初选择了对方"的时候，"好男人"一般会这样说："我当年在朋友的婚礼上，第一眼看到她就被她深深地迷住了，那一刻我的直觉告诉我，我今生非她不娶!"这种心态似乎表明，经过理性分析再选择一个人，是对这个选择犹豫和不满意的表现。如果伴侣承认，自己是模仿《老友记》里的罗斯，列出一张表，详细对比你和另一个候选人的优缺点，理性分析，最后选择了你，你会非常感动吗？如果会，是真爱无疑了!

第3章
直觉与分析

3.1 直　　觉

3.1.1　神秘的直觉

直觉、灵性以及"第六感"之类的名词，总给人一种很神秘的感觉。之所以神秘，是因为它们总是在人们没有刻意意识到的情况下出现[①]。关于直觉，即使在对其进行深入研究的心理学领域，学者们也是更多地倾向于将其定义为"不是什么"，而非定义为"是什么"，以避免在学术界制造分歧。研究启发式偏差问题的学者，认为直觉是启发式过程的产物，而在认知、调控和神经心理学领域，学者通常采用"学习"的观点，认为直觉依赖于能反映早先经验的心理表征。因此，我在本书中采用了"不是什么"的方式来阐述直觉。

不刻意地去想才能出现，一旦你试图分析这些直觉出现的时刻，就会发现无从下手、无法捕捉、无法解释，这正是直觉的重要特征。判断与决

---

① Hogarth R. Educating intuition[M]. Chicago：The University of Chicago Press，2001.

策学的专家们所研究的关键问题之一，就是直觉。人们常被这样教育或劝说："喜欢就买""年轻人不要怕""想爱就爱别犹豫""听从你内心的召唤""家不是讲理的地方""爱情/友情/亲情经不起计算""世上最说不清、道不明的就是感情"。为什么人类在好不容易发展出了理性分析的能力之后，还要坚持依靠直觉呢？也许是因为有些事情很难分析，所以只好依靠直觉吧！

假如有个女生面对两位实力相当的追求者，她就面临一个原本可以理性分析的问题：应该选择哪一位男生？其中一位男生的眼睛大，但是另一位男生有一双大长腿，各有所长，应该如何决策呢？女生足够理性，是可以为男生的各个特性进行赋值的，但这些赋值常常只适用于有客观标准的情形。比如，如果是比较两人的智力水平，看看考试成绩就可以了。但现在，眼睛大，能得几分？如果一位男生的腿长不足 1.2 米，应该判定他在这个方面应得 50 分还是 70 分？"萝卜青菜，各有所爱"，这种需要人为主观划定的标准显然是非常不可靠的。即便女生当下能给出一类主观赋值，也难保未来她的观点不会发生变化，也许当她进入婚姻之后，眼睛的大小或者腿长腿短就越来越不重要了。依靠理性分析得到的主观判断，不仅赋值的准确性难以保证，甚至到头来连被分析的指标都无法稳定存在。既然如此，那还不如突然被问：更喜欢谁？必须一秒钟说出来，说谁就选择谁。因为直觉看似容易，感受上似乎也获得了"命运"这类更"高级"的力量的授权，所以容易成为多数人首选的方法。

人们通常都能理解别人描述出来的**直觉判断方法**。比如，恩爱的夫妻被问到"为什么当初选择了对方"的时候，"好男人"一般会这样说："我当年在朋友的一次婚礼上，第一眼看到她，就被她深深地迷住了，那一刻我的直觉告诉我，我今生非她不娶！"再比如，当被问到"为什么你会认为克劳德·莫奈（Claude Monet）的风景画很好看"的时候，有经验的赏画者，很少用"漂亮""有意境""让人舒服"这样的形容来回答问题，而是常常会露出满足的表情,说:"当年我第一次看到他的作品时,惊为天人,脑子里有一个声音在告诉我,这幅画的创作者必定是一个天才!"其实直觉也是一种认知活动,大脑是在工作状态的,只是没有理论上的思考活动而已。

直觉的主要优势在于速度快,但这种快速的认知过程很难被人记录并回想。人们知道自己凭直觉在几秒钟内就做了判断,但人们不知道自己在那一刻为什么那样想。判断与决策学领域的学者通常认为,日常生活中,人们只要一提到"判断",就是暗指他们在利用直觉。判断就是大多数人在缺乏分析工具时用来帮助自己的工具。

直觉一定比数学、逻辑、计算机等分析工具更低级吗? 人们好像没有这种感觉。伟大的人物常常会说,自己当年一闪念、一瞬间或者一个激灵过后,就做出了影响大局的某个判断。人们非常喜欢这类表述,并因此对他们产生崇拜之情。大多数经理和公司董事都表示,他们50%的决策是依靠直觉做出的[①]。大人物的判断,越是看起来简单明确,越是无法回溯和解释。越符合直觉,人们就越会认为他们是超越普通人的优秀人才。看到某位司机开车时左顾右盼、心神不宁的时候,大多数人会凭直觉判定该司机是刚刚拿到驾照的"马路杀手",而当看到某位气定神闲、单手握方向盘,同时还在抽着烟的司机时,不少人会觉得该司机"够酷""有范儿",一定是位经验丰富的驾驶人,甚至会在内心生出羡慕和敬仰之情。但是,判断与决策学的学者并不会这样认为。

3.1.2 科学家眼中的直觉

直觉,就是人们下意识地对多重可疑指示物的信息进行整合的过程。还记得多重可疑指示物吗? 如果人要使用直觉做出事实判断,就会立刻

---

① Gigernzer G. Risk savvy: how to make good decisions[M]. New York: Viking, 2014.

收集多重可疑指示物的信息。直觉帮助人更好地适应环境,让人迅速抓住环境中的各类可疑的线索。之所以说这些线索是可疑的,是因为某些线索只在某些特定的情境下可信,情景一换,仍然依赖那些线索的人就可能判断错误。

有的时候,你抬头一看云朵的样子,做两次深呼吸,可能就会凭直觉判断"快要下雨了"。你用了三秒钟,没有深入地展开什么分析、没有列方程、没有计算概率,所以这应该属于凭直觉判断。而你判断的过程,就是立刻从天空、云朵、空气等指示物那里获取信息。这些信息一定是正确的吗? 有时正确,有时不正确。比如,澡堂门口的空气也可能与大雨来临前的空气有相似之处,如果你没有收集到"自己处于澡堂门口"这条信息,很可能也会误用"空气闷热"这条信息。所以,这些指示物的信息是可疑的,是有可能导致误判的,不能一直被我们相信。大量科学研究显示,对于指示物的可信度,人的认知是很模糊的。专业人员也好,非专业人员也罢,常常都没有意识到"自己到底是怎么利用它们进行判断的"。也就是说,这种信息利用过程"只可意会不可言传",所以人们往往"知其然而不知其所以然"。

正因为直觉让我们收集了很多可疑指示物的信息,且这些信息常常是不完全可信的(在这一点上看起来直觉对所有人都是公平的),但最终只有大人物们做出了正确的判断,所以,直觉让这个过程更加神秘莫测。有时我们意识到自己选取了哪些指示物进行信息收集,有时没有意识到,但是不管有没有意识到指示物有哪些,人们几乎都意识不到"自己其实是把这些信息整合起来了"。

假设你是一个部门领导,现在要提拔一个副手,候选人有两个,分别是小吴和小康。有的时候,你已经意识到"需要看哪些指示物",比如他们的身高样貌——小吴长得更帅气一些,而小康个子要矮一些,比如他们的教育背景——小吴是名牌大学毕业,而小康是专科毕业;也有的时候,你并没有意识到"自己已经收集了某些指示物的信息",比如小吴和你这个领导一样都爱古典音乐,而小康与你所喜欢的车型并不相同,比如小吴的女朋友气质优雅,而小康的衬衣领口略显油腻。但是,不管你收集了什么信息、有没有察觉到自己收集了信息,你总是很难意识到,其实在你的脑海中,你早已将这些信息整合到了一起。

众多研究显示,人类和猩猩、猴子一样,所谓的直觉性整合,就是简单地将这些信息相加或取平均值而已,根本没有运用任何复杂的计算方式。结果,在你要在副手人选问题上拍板的那天,从清晨就下起了暴雪。小吴为了不迟到而早早出门,提前来到办公室,而小康却迟到了。于是你在那一刻做了决定,选择小吴为副手。你"以为"那是直觉性的、此时此刻的、即时性的判断,但其实你只不过是将各种指示物的信息整合起来了;整合的方式也没有多复杂,无非是做了个加法(小吴 700 分、小康 500 分),或是取了个平均值(小吴 3.5 分、小康 2.5 分),仅此而已。

即使你意识到了"直觉只是把信息相加或平均的过程"(大多数人还到不了这一步),你也会高估自己处理信息的能力。你觉得自己的这种判断是基于几十种或者上百种信息的综合集成,觉得自己确实综合考虑了两人的成长过程、日常表现、人际关系、脾气性格、工作经历等方面的内容,但是研究表明,**人类的直觉判断通常也就只能整合三四条信息而已**[1]。拍板的那一刻,你脑子里能处理的,无非是小吴好看而小康丑、小吴读书比小康好、小吴努力而小康懒散(这些是你意识到了的)、小吴品味比小康高(这是你没意识到,但在脑海中处理过的),一共只有这几点而已。更多的研究显示[2],很多人做直觉判断只依靠一个信息点(比如小吴的女朋友

① Gigerenzer G. Gut feelings: the intelligence of the unconscious[M]. New York: Viking Adult, 2007.中文版: 格尔德·吉仁泽.直觉: 我们为什么无从推理,却能决策[M].余莉,译.北京: 北京联合出版公司,2016.

② Plott C R, Smith V L, et al. Handbook of experimental economics results[M]. Amsterdam: North Holland, 2008.

气质优雅），而且这种做法还特别有效！

　　当然，判断与决策学的学者们将上述研究结论拿给各行各业的大人物们看，大人物们是不会服气的。难道我多年累积的"一眼看透复杂问题"的能力，被你们这些所谓的专家解读之后竟变成了不值一提的小把戏？但科学研究就是这样不讲情面。学者们建立了量化的直觉判断模型，称之为**加法模型**（additive model），即人们只检查三到四个指示物的信息就进行判断，且如果只检查一个指示物时，就选择在这个方面分数最高的。人类的直觉，本质上是不是特别简单（或者说单纯）！？

　　还有一点要提醒读者，因为直觉发挥作用的速度特别快，所以，即使有很多条信息在脑子里，我们也能瞬间进行**直觉判断**（ituitive judgment）。它会比系统性的**分析判断**（analytic judgment）更节省时间，尤其在面临时间压力的情况下。大人物之所以看起来厉害，也与他们在普通人眼中能够速战速决的形象有直接关系。如果两个人同样面对一道难题，其中一个人看一眼就给出答案，而另一个人拿着纸笔演算半天才作答，那么即使最终两人都答对了，我们也会倾向于认为前者更厉害些。尽管更快给出答案的人有可能是胡乱蒙的，略慢些的人不但能计算出答案，而且整体出错率通常还要低一些，可我们还是更容易对前者产生崇敬之心。更有趣的是，我们要判断一个人会进行何种选择，只要观察到他盯着某个选项的时间更长，那他在很大概率上最后就会选择这个选项[①]。连他是怎么想的，都不必询问，直觉让我们"以为"把所有事情都看穿了，但其实我们始终没有逃离无意识的直觉。直觉似乎很难解释，因为它是人类进化后的大脑所固有的东西。直觉之所以到现在还是大多数人在大多数情况下的判断方式，是因为它"帮助"我们活到了现在。

---

① Jantathai S, Danner L, Joechi M, et al. Gazing behavior, choice and color of food: does gazing behavior predict choice? [J] Food Research International, 2013, 54: 1621 - 1626.

3.1.3　外行眼中的艺术性

对于外行看不懂、内行也说不清的问题，人们通通用一个高大上的词概括：**艺术性**。我们每次提到这个词时，与之相伴的往往还有另一个词——**科学性**。似乎这两个词所涉及的内容永远是事物的两面。打开管理学的书，常见的一句话就是"管理是科学性与艺术性的结合"，医学、心理学、经济学的书中也常常有这样的说法。为什么会有那么多学科倾向于标榜自身同时具备这两种特征？这类表达，其实是在强调科学和艺术是对立的，或者至少暗示了两者是互不重叠的。另外，这类表达还有一层意思，即只要同时具备了科学性和艺术性，就算全面覆盖了，也就算是把好处占尽了，不再需要别的性质了。我觉得这种思路是有问题的。

仔细分析一下，此中缘由其实不难理解。当提起某个事物是"具备科学性"[①]的时候，我们其实是想强调，这个事物具有前文提到过的连贯性（方法 2），也就是逻辑自洽的特征。理论上的"**科学**"，多依赖于演绎推理，而人们在日常生活中所说的"**科学性**"，往往只关注其**有效性**（validity），而不管它是不是**可靠的**（sound）。有效性是指"论证的结构"是否合理，而可靠性还要加上一点——前提是否为真。所以，如果单从包含关系上来说，可靠的一定是有效的，而论证上有效的却未必可靠。别被逻辑给蒙骗了，这是本书的重要观点之一。

那我们又为什么需要用艺术性来弥补无法用科学性覆盖的范围呢？因为这其中肯定有些地方缺乏连贯性，没有逻辑！数学家们就很少说自己的公式和方程"不够科学"，程序员们也不会说自己的程序"缺乏科学性"。虽然有些定理很"美"，有些代码看上去也让人觉得很"优雅"，让人读起来感到很"舒服"，可此时我们形容的并非是其初始目的之中的实践

---

① 有兴趣的读者可参考：Baggini J, Fosl P S. The ethics toolkit: a compendium of ethical concepts and methods[M]. New Jersey: Wiley-Blackwell, 2007.

意义。也就是说，在完成数学证明题、顺利运行代码程序等"功能的实现"上，数学和计算机科学都认为自己是具备科学性的，而所谓的艺术性则是附加上去的，"艺术"本身并非其工作的初衷。

管理学和医学则无法利用"科学性"完成所有的工作（其实这在"传统的"科学工作者眼里是略显"可悲"的）。这些学科中所蕴含的"艺术"，其实恰恰表明该学科本身缺乏连贯性，无法处处用逻辑讲清楚。比如，当一个人提出要主动承担某项艰巨的任务时，领导者该如何应对？根据管理学大量的，甚至是相互冲突的理论，我们既可以认为这个人受到了激励，需要领导保护好他的这份热情，也可以认为这个人受到了批评，需要领导警惕他恶意坏事的心理。怎么解释都说得通，却又感觉怎么解释都比较牵强。这时候就要看领导管理的"艺术性"。如果放手让他干，即便结果证明当初赌对了，领导也很少会承认自己当初其实真的是赌了一把；在外人看来，这位领导便成了精通领导艺术的大师。这时候其若是以"用人不疑，疑人不用"之类的套话给自己的脸上贴金，那人们就会投来看待大人物一样的目光。

我热爱艺术，但是我反对用所谓的艺术来包装科学。相信存在管理艺术性的领导，其实就是在逻辑上"拿不准"，所以转而依赖直觉行事的领导；相信存在医学艺术性的医生，其实就是在逻辑上"拿不准"，所以转而依赖直觉行事的医生。从统计上来审视，我们一定能发现这种做法非常不可靠。原因很简单，人的直觉只是对三四个指示物的信息进行了再简单不过的加法或平均而已。凡是靠直觉用人的领导，用错人的次数一定很多；凡是靠直觉看病的医生，误诊的次数也一定很多。医学界已经有诸多类似的共识，虽然我们不知道医生在诊断过程中多大程度地运用了直觉，国外的研究报告显示，整体的误诊率是超过 40％的[①]。管理学界之所

---

① 美国病人安全基金会（National Patient Safety Foundation）、在线医疗评定（Healthgrades）等机构的报告显示，即便在资源充足的重症监护病房，误诊率也不低于 40％，遑论资源和时间都受限的门诊了。

以还没有此类共识，是因为判别领导的对错更加缺乏统一标准。如果我们再宏观一点看，有多少企业能多年不倒？有多少王朝能扫清奸臣？其实没有多少。

为什么说直觉是不可靠的呢？这是因为我们在以科学、纯粹理性的标准提要求。什么叫"可靠"？至少要在统计意义上具备较高的成功率。朋友点的菜十之八九都不好吃，你当然可以说他点菜能力不可靠；而如果这位朋友一年里只有一两次约会迟到，你就不能下定论说他没有可靠的时间观念。直觉并非在所有条件、所有情况、所有时间里都不可靠，而是说在特定的时空中，直觉不应该成为我们进行判断的方式。如果想要判断结果在统计上显得可靠一些，我们就应该避免依赖直觉。前面提到，既然直觉是一种对人来说难以描述的过程，那么从根本上来说，人就无法用任何武器来维护直觉；既然不能合理地论证、支持、维护，那直觉就不应当被鼓吹和广泛应用。如果你认为直觉在某时某地"好用"，你用就是了。但如果我们既不能证明直觉在其他的时间、场合、地点一定可靠，也讲不出直觉为什么可靠，那么我们至少应该大方地承认，按照科学、纯粹理性的标准来讲，直觉是不可靠的。

作为外行，我们当然可以继续欣赏这类直觉，但是我必须提醒读者：凡是严重依赖直觉的人，就是在科学与纯粹理性道路上落后的人。我已经说过，直觉是难以描述的，既然此中的逻辑欠缺、难以描述，其理论必定存在不完善之处。一个学科，缺乏完善的理论基础，就是落后、不成熟的。只有理论完善，其做法才值得鼓吹和拓展，或者说，只有具备了完善的逻辑，才能让这件事有可能被广泛学习，并得到正确的传播。比如汽车制造，先做什么再做什么，都有非常明确、可描述、逻辑清晰的工艺过程，所以汽车厂可以遍地开花；再如要控制天花，既然病毒的传播机理清楚、疫苗生产的措施切实可行，最终人类果真就消灭了这种恶性传染病。相比之下，只能靠个人悟性的禅思、只能看个人秉性的巫医，就属于典型的无法用科学理论铺设基础的领域。我不是说这些东西一定不好用、不可用，而是说，其理论存在"漏洞"。这种"漏洞"，在外行人看来是艺术，在判断与决策学的学者看来就是缺点和不足。

3.1.4 依靠直觉来学习

人从小就依靠直觉学习和了解这个世界，这是由基因决定的，这是人类所处的环境所要求的。没有哪个父母会在试图教育婴孩时，这样灌输知识："你看一个东西变小了，就代表着这个东西离你远了。"孩子听不懂，也无须听这些，只要他发现"刚刚摸过的玩具变小了就不容易抓到"时，自然就调整了玩具与自己之间距离的认知。室外明媚——有个太阳在天上；白雪覆盖了大地——人感觉冷；小刀刺破了手掌——血流出来了。这些经验都不需要别人教，而是需要直觉性的学习和体验。一定有什么逻辑性在其中吗？不一定。很多学者曾认为，出生的时候，孩子心灵的橱柜是空的，需要用经验来填充①。你甚至可以（不仁道地）控制一个小孩子，每次"下雪"时都给他糖果吃，却绝不让他到室外去玩雪；等他长大了，第一次出门玩雪的时候，他很可能感觉雪是"甜的"！说不定会流口水！著名的巴甫洛夫实验，还有罗素笔下的那只火鸡，都是类似的事情。

但我们要注意，上述学习内容都是事实判断，形成的是一个人的通信能力，而**连贯能力是必须靠别人教的**。没有人可以在没读过一本书、没做过一道练习题的情况下无师自通创立微积分。说话有逻辑，也是后天由他人教授得来的能力。我们在生活中常会评价一个人"前言不搭后语"，但这种人在低收入群体中出现频率较高，而在知识分子和商贾政客家庭中出现得较少；因为"前后一致"这种能力的获取，本身就依赖于良好的教

---

① 亚里士多德把出生时人的心理视为一块白板，这个隐喻后来催生出了约翰·洛克（John Locke）等一大批经验主义哲学家，以及后来横扫美国心理学界的约翰·华生（John Watson）等一大批行为主义心理学家。当然，这种想法目前已经得到很多修正。

育。"身边的小偷都是某地人"和"某地人都是小偷",这两句话的意思并不相同。婴孩先天就可以分辨出其中的差异吗?这是观察太阳、白雪或者小刀能学到的能力吗?当然不是。连贯能力比较强的老师和家长,就能教育出连贯能力比较强的学生和孩子,或者即使没有这些长辈来亲自教授,也至少能让孩子通过读书等其他方式进行学习。强烈认为"所有日本人都是坏人""所有农民都不注意个人卫生""所有未婚先孕的女人都道德沦丧""所有工业化产品都不如传统手工制造的产品质量好"的人,很难说是思维开放、愿意讲道理的人。这些人,正是现代教育要努力改造的人。

概括来说,通信能力是可以依靠直觉学习的,而且是可以自主学习的,甚至学习者可以在全然没有意识到"自己在学习"的情况下完成学习过程;连贯能力基本上无法依靠直觉学习,大多需要有人指点(或通过阅读书籍等其他途径)才能学习,多数情况下学习者有一种明确的意识,即"我知道我在学习"。

不知读者是否注意到,连贯知识本身就是在控制不确定性。也就是说,你之所以需要特别"用力地"注意到"我在学习",是因为培养你连贯能力的那些人或书,在为你"刻意"打造一个与客观世界不一样的环境。这种环境与现实世界最大的区别,就是"几乎没有什么不确定性"。因为不一样,所以我们无法像学习通信知识那样"自然地学习";因为与基因所赋予的、专注于通信能力的、更贴近"自然地学习"的常规状态有区别,所以我们通常都能明确地意识到"我在学习"。

比如欧式几何学,其环境设定就消除了各种不确定性。它规定所有的圆都是正圆,所有的直线都绝对笔直。如果你非要争辩,认定"从来没有完美的直线""任何线条都存在一定程度的弯曲",那你就没法正经地学欧式几何了。注意,这种人为的环境设定,是从概念上抹除了不确定性的。几何老师们一般并不理会"可能我刚刚画出来的这个圆是不完美的"这种情况——老师们就是"硬要"假设这个圆是完美的,即使没画出完美的圆，你也要自己把它想象成完美的圆。

政治学、管理学、医学，之所以有"科学"无法覆盖之外，重要的原因之一就是"不能控制环境"，无法减少其中存在的不确定性。这些学科是"不得不"与现实世界打交道的。前文讲到现代社会越来越强的因果模糊性，也讲到反馈对学习的重要性，而以上诸多学科，既无法控制单一变量来观察结果，又往往要面对长久的反馈延时，所以无法从根本上抹除不确定性。从这个意义上讲，管理学是有可能让人通过直觉学习其中一部分内容的（艺术性部分），那部分内容，老师讲不出（或者无法讲得如数学那样清晰），你只能自己体会和总结，甚至有可能出现这样的情况——你在学习的过程中根本都没有意识到"我在学"；当然，你学到的那部分，到头来也不一定就是对的，或者说，没有科学的、理论完善的、刻意学习的其他部分来得更加"可靠"。

再通俗一点说，你严格按照教科书上的方式来处理现实问题时，靠课堂所学照方抓药式地解决数学类问题的成功概率更大、解决管理类问题的成功概率更低。这其实可以帮我们解释"理工科里似乎书呆子所占比例更大"这一现象。一般来说：

（1）管理学等学科的"实际"更有可能脱离"理论"，"理论联系实际"的难度更高，也就是说其"艺术性"更强；

（2）数学等学科在知识背景设定方面控制不确定性的能力更强，因为不确定性被人为地用概念定义给抹除了，即其"科学性"更强；

（3）因为脱离了"实际"，与现实生活差异较大，所以连贯能力不能依靠直觉进行学习和提升，学习者必须自己意识到"我在学"；

（4）不确定性是在通信能力对应的**方法1**范围内肆虐的，所以管理艺术高超的领导者常常不是在课堂上学的本领；

（5）"书呆子"是对"在现实生活中问题处理能力不够强的人群"的称呼，暗指其通信能力差，但课堂学习能力强、连贯能力强；

（6）理工类学科的特性导致理工科学生连贯能力更强,通信能力稍差,因为不确定性在课堂上被人为抹除了;

（7）但不管怎么说,人们仍然崇拜把这两种能力结合得很好的人,比如逻辑思维能力强且在人际交往上游刃有余的领导,又如运动细胞发达且演讲水平高的数学天才。

3.2 分 析

3.2.1 世俗的分析

与直觉对立的就是世俗的分析。事实判断和逻辑判断都可以使用分析而避开直觉。"直觉上感觉今天会不会下雨"和"认真分析后再判断今天是否会下雨",都是在利用通信能力进行事实判断。利用连贯能力进行逻辑判断,则往往更需要用到分析,因为在面对逻辑,尤其是复杂逻辑的时候,直觉实在是太仓促了。相信苦苦钻研过解析几何题的学生们都明白,"分析"的特点就是令人难过,又进展缓慢,可一旦完成,会让人产生一种极强的成就感。拥有这种成就感的原因,根据我的个人体会,大概有两点:一是别人未必能做出来,而我做出来了;二是只要做出来了就特别经得起推敲。为什么经得起推敲?因为我有维护这个结论或答案的理由,这种理由或争论是可以描述的,不是直觉性的、无法言说的,也不是"空洞"地耍无赖,而是"你给了我一个框架或前提,在你我都认同的这个框架或前提下,我得到了这个结论,如果你不能论证我存在任何失误,就必须接受我的结论"。本质上还是亚里士多德的三段论。

分析的"世俗"其实是相对"神秘"而言的。为什么分析过程不神秘?因为所有的细节展开之后,一切都是可以公开接受质疑的逻辑过程。我通过这种公开，表明了我"知其然且知其所以然"。其实这是人类更为信服、更加喜欢的过程，至少对他人来说，虽然有些人很惧怕分析过程本身，但还是欣赏别人努力分析的姿态。我们多数人推崇的是"正规学校教育"，喜欢把自己的孩子送去小学、中学、大学接受教导，而不是送到神婆、巫师、占星术士那里去学习，究其原因，未必是因为我们特别欣赏正规学校里的老师（大部分人在开学前是不认识那些老师的），而是觉得这种知识传授过程是可公开的（至少其内容对错是可以被讨论的），是教授分析能力为主的（没有多少"悟性"的孩子也有机会成功），是既能获得知识也能获得方法的（授之以鱼的同时也授之以渔）。学校里的学生不仅可以获得知识（比如"勾股定理"），也能学到推导出这种知识的方法（比如"勾股定理"的证明过程），或者说，即使学生们事后忘记了推导的过程，也至少可以在脑海中留下一种重要的观念：此中有逻辑。这件事是能够被证明的，如果我有需要，可以查阅参考书目重现这个过程。这不是妄言，不完全来自简单的观察，这是可以通过分析获得的"新东西"。

分析性的判断往往特别便于人们去维护。因为是通过分析得到的，所以整个过程是可重复的，每个步骤也都是经得起讨论的，而且人类主流社会对这件事的存在前提有共识，比如"1＋1＝2"、乘法交换律、能量守恒。推导之前的前提或共识，我们无须在此重复讨论；如果你对我所需的前提有异议，我们可以先讨论这个前提；步步前推，直到你觉得能与我达成共识了，我们再推回来。

那么，直觉是被学者们故意摒弃出学校的吗？当然不是。问题在于，既然直觉不可描述，那么我在教授学生知识的时候，我们就缺乏共同的立场，所以学校和学者难以接受直觉。

比如我要教学生如何识别罪犯，我说我第一眼就发现屋子里的小何不正常，因此我的做法是"锁定小何为嫌疑人，再对现场进行细致观察"。学生问我原因，如果我的回答是"靠直觉"，那学生们肯定不会满意，因为他们没有跟我站在任何相同的立场上，他们并没有这类直觉。所以，要是换了一屋子人，他们也试着依靠"第一眼"去发现某人不正常，这就令人犯难了。但如果我这样回答学生：因为小何用舌头"抿嘴唇"的次数明显多于常人，反映出他内心的慌乱，虽然目前没有不利的证据指向他，但值得我重点关注。那好，这时我和学生就有了一个可以商讨的立场，如果他们同意，那么下次他见到屋子里有个人也重复此类动作，就可以照猫画虎，同样对其重点关注。这就是可以重复和讨论的过程，学生不仅获取了知识（重点关注"抿嘴唇"行为的嫌疑人），还明白了为何如此（因为科学调查显示"抿嘴唇"这个动作与人的内心活动有关联）。

学生可以质疑这个立场吗？可以。如果质疑，那我们就往前推，论证为什么频繁抿嘴唇的人更有可能内心慌乱。我可以拿出相关的证据（行为学、犯罪学、心理学的实验报告/论文/教材，或者干脆现场给他们做一次演示），给他们看。他们如果同意，我就照原路反向推回去；不同意，我们可以就其中某一篇论文，检查其可靠性和权威性，继续前推。一切都是如此顺畅，没有人在刻意隐瞒、掩饰、遮盖任何信息，所有的东西都光明正大地放在那里。

分析性的认知过程是科学的基石，也是科学发挥作用的主要工具。科学家要建立自己的逻辑王国，让众人臣服（或者说"短暂"的臣服——还记得我前面说过的"现阶段"真理吗？），必须公布自己的分析过程，甚至要在其中讲述各种灵感来源或生活小段子（爱吹嘘自己被苹果砸过的牛顿，就特别爱聊关于自己的这类"轶事"），把思维路径展现出来。"拨云见日""层层递进"的分析过程，进程总是非常缓慢，甚至是拖沓的。如果你去看一些与数学相关的著作，常常发现几十页都在论证一个定理，无聊且催眠（听说很多研究生睡前喜欢看《集异璧之大成》①的各个证明性章节来帮助自己入睡）。

① 这本奇书的原版和翻译版都是神一样的存在。英文版：Hofstadter D R. Gödel, Escher, Bach: an eternal golden braid[M]. New York: Basic Books, 1979. 中文版：侯世达. 哥德尔，艾舍尔，巴赫：集异璧之大成[M].《哥德尔，艾舍尔，巴赫：集异璧之大成》翻译组，译. 北京：商务印书馆，1997.

这种分析有一个好处，就是一旦某个分析性结论，在经历了广泛质疑和检查后，仍被承认是正确的，那其他人就可以暂时高枕无忧地放心使用这个结论，而不必再追问其分析过程了。现在没有多少人具备随时用纸笔推导"勾股定理"的能力，人们在学校里学过其证明过程，所以终其一生都会认为它是随时可以拿来指导实践的。人们不再关心它是如何证明的，人们只要确信它可以被证明出来，证明过程已经过反复验证，在现阶段是"科学的"，得到了世人的共同认可，就足够了。世俗的分析，有着世俗的受众。

3.2.2 分析的风险

既然分析性的过程这么靠谱、这么强大、这么值得推广，那人类岂不是已然找到希望之光了？还早。分析性的判断（注意，不是我们日常所说的"常识性的判断"）要么在共识的基础上严格"对"，要么就是"一错到底"，完全"不对"。前文讲到，这是一个难过又缓慢的过程，无聊且催眠，既然步步相连、环环相扣，那么但凡其中存在一丝误差，推导到结论处，就特别容易出现"差之毫厘，谬以千里"的情况。不知道大家在中小学时期有没有接到过"画直线"的任务：在一张 A4 纸上画一条直线，将纸张分成相等的两部分，要求线"尽量笔直"，让起点和终点都尽量靠近纸张两对边的中点。你可以依靠直觉，凭着手上的感觉随便一划，也可以找一张小卡片或者方形的橡皮，借其短小但笔直的边缘来画直线。总的来说，随手就来的画法速度快，但平均看来，在效果上不如沿着小卡片边缘画出来的线美观。随手就画，大体是可以从中点到中点的，因为小朋友是可以随时抖动手腕进行方向调整的；而比着小卡片一小段一小段画线的小朋友，画到纸张中间位置时，小卡片前不着村、后不着店，特别容易偏离中线，可他并没有意识到，以为有了笔直的依据之后就能一路正确到底，结果快到终点时往往来不及调整。这就类似于"分析"带来的风险。

再给大家举个生活中的例子。开车的人肯定分两类,一类是胆子大、有经验或者常走老路的司机,他们一般凭记忆开车;一类是胆子小、新上手或者需要去新地方的司机,他们一般严重依靠 GPS 导航来指路。前者用直觉性判断开车,后者用分析性判断开车(我在这里只是拿整体过程来做比喻而已)。前者可能常常开错路,但是因为知道自己的记忆和视野未必靠谱,所以一旦觉得有什么不对劲的,就会停车问路,或者掉头回到主干线上,做二次判断;后者则非常信赖导航设备,但只要地图有误,或者设备规划的路线错误,就常常会连续向偏差很远的方向开错车,并持续很长时间,而且等自己意识到有问题时,补救过程要付出非常大的代价(我就曾被不够精确的导航一路带到山上,而我一路上都没有起疑心——因为我太相信导航了)。所以,分析性判断轻易不出错,而一旦出错,往往后果极端且严重。

我们需要明确一点:**分析性的连贯系统是非常脆弱的**。既要得出分析性的结论,又要通过逻辑推理获得结论,这样的系统极易受到细微因素的干扰。社会中的理想主义者往往就是如此。他们接受一种连贯性的理论,经过长久培育,理想之花在心中光耀绽放,此时但凡有一丝杂质,但凡让他们发现社会的真实面貌竟然如此丑陋不堪,他们的理想就会立刻破灭,并且在精神上遭受巨大的创伤。读者要注意,这些人可不是被简简单单洗脑的人,他们的心中有着十分具体、成体系、可一步步推导而来、具备严密论证过程的价值观。他们不靠直觉,不着眼于事实判断,而是在连贯能力的基础上,通过抽丝剥茧般的分析过程,拨开了心中的迷雾,获得了"通向美好未来之门的钥匙"。在这种情况下,他们的理想是毋庸置疑的,或者说,他们觉得自己的理想是经得起质疑、坚不可摧的。一旦有人戳破了这个泡泡,该理想本身就变得非常可笑。恼羞成怒之后,他们要么意志消沉,要么恶意报复。

现代化的社会机体结构也是如此。老牛拉犁再简单不过,千百年来,不管其效率是高是低,不管在后方掌握犁车方向的农民心思是否缜密,这种犁地的方式都未曾令人出过人的差错。可是换成机械化的器具之后,情况就完全不同,因机械结构复杂,器具内部的齿轮、转轴、传送带,以相当科学而又有逻辑性的层次,构成了完美的连贯系统,任何一处有异常,都无法正常工作。火烧干柴热灶台,但其实没有干柴,可以烧秸秆;没有秸秆,可以烧牛粪;缺了灶台,可以垒砖石;没有砖石,可以挖地坑。反正都是可以正经做饭的。可现在核电时代到来,加热靠电灶,汽轮机带动发电机才能产生电力,汽轮机的动力来自热蒸汽,热蒸汽靠核能转换成热能才能发生,核能靠核燃料裂变,裂变过程的释放能力要经过反应堆内循环的冷却剂……中间任何一个环节出现差错,都会是一场大灾难。依赖连贯性、分析性的系统,更容易在连贯性和分析性上犯错,而其连贯性本身更容易依照分析性的原始逻辑,把系统推向更可怕的错误之路。

很多人会说,我这只不过是举出来一些极端的人或灾难来吓唬读者。是的,这些事发生的概率极低,但是一旦发生,就是无法避免的灾难。这不是把干柴换成秸秆就能解决的问题。这种靠连贯性和分析性运行的系统,中间任意环节有差错,不到走完最差的那一步,都是不会停下来的。

3.2.3　分析配连贯

喜欢耐心分析,很讲逻辑,既注重连贯性,又依赖分析过程,这些似乎是一个优秀人才的重要特质,很多科学家都具备这样的品质。读者若这样想,倒是没什么错,但是我必须提醒大家当心一点:喜欢"**分析配连贯**"这种套餐的人,也许确实是科学工作者,但未必能一直保持"科学性",或者说,他们未必会符合科学家的职业操守。为什么这么说呢? 前文讲到,科学性所要求的是去主动面对质疑,承认真理的暂时性。而很多人抱着自己看似完美的逻辑链条不放,故意忽略"不符合"逻辑的信息和事实。这又回到了"以为自己知道"的可怕情景之中了,这种心态,是合格的科学家所不该有的,因为这会阻碍反复验证的过程。但我认为,与"这个数据一看就是错的""这个结果一看就只是误差而已"类似的论调,其实并非一定出自"恶人"之口。拒绝缺乏连贯性的信息,故意忽略非常规的事实,并不是谁故意犯的错,而是因为这本来就是人类的正常反应。

我并非要在此对任何一位科学工作者或政府工作人员进行恶意的揣测,但大家确实能够在各类新闻中看到他们所犯下的各种低级且愚蠢的错误。比如美国航空航天局(National Aeronautics and Space Administration,NASA)在监测臭氧层空洞上的重大失误。科学家们于 1974 年发现氯氟碳化合物(Chlorofluorocarbons,CFCs)能摧毁臭氧,美国、加拿大以及北欧国家于 20 世纪 70 年代开始禁止向空中排放 CFCs,但其产量仍然很高。令人感觉奇怪的是,直到 1985 年,南极洲臭氧层空洞的证据才被发表出来。如此大规模的臭氧层空洞,为什么发现得这么晚?美国航空航天局的科学家们看到这些证据,很诧异自己每日都盯着天空,竟然长久以来都没发现这么大的臭氧层空洞。于是他们调查了之前 7 年的卫星数据,发现 NASA 的计算机程序当时被设定为"自动拒绝臭氧过低的数据"。因为当时的科学家们认为"臭氧含量过低"这种事是绝不会发生的。显然,他们忽视了客观世界中存在的不确定性。

又比如,许多政府官员对企业骗取补贴行为视而不见。中国政府多年来对"高新技术企业"有税收方面的优惠政策,但在很多地方政府成立的高新区内,存在不少专门"骗取补贴"的企业单位。这些公司可能就没有几个人,不销售产品、不提供服务、无利润收益,但是通过购买一定数量的"专利",注册几位有学历或证书的"人才",就申请成了"高新技术企业",然后以关联公司的名义虚开发票,骗取财政补贴。而某些地方政府对此视而不见,也是因为这些企业能在注册企业总数、登记销售量等数据上提高高新区官员所需的"业绩"。显然,他们的领导并不聚焦于底线问题,所以不再需要最大化方案,而是"容忍更多的假阴错误以提高申请通过率"。

分析配连贯,是人类构建复杂学科和社会结构的重要方式。不是某个人非要固守、盲从、不知变通,而是如果不如此这般行事,理论和组织的大厦也就无从谈起。谈论这件事,还是要回到依赖通信能力的事实判断上。

让我们再次以陈胜、吴广起义为例。不管在什么时代,依法办事的官员难道不是好官员? 制定法律时要层层递进,触犯法律的程度不同,则实施惩罚的程度不同,作案情节越重,处罚越严厉,难道不合理? 制定的法律都是有历史沿革的,"徭役或部队力量的转移必须严格控制时间"不是今天才定下的规矩,对吧? 那么,立法者讲求逻辑、层层分析、制定法律系统,执法者也讲求逻辑、层层分析、执行法律规定,都是好事。既然老百姓希望如此,官员也希望如此,这就是该系统本来应当呈现的状态。遇到偶尔偏离常规情况的事件怎么办? 我们只好把这种事当成不符合逻辑的事情,将其忽略掉! 比如下大雪了,闹饥荒了,或是瘟疫爆发了,而当时的逻辑链条中并没有相关的内容,或者说,额外的信息突破了已有逻辑的范围,让过去的逻辑无法自洽了。

原来的逻辑是"失期,法当斩"。而在陈胜、吴广出发后,造成失期的原因突然变成了不可抗因素,那么,为了更"科学",就应该这样:原始的法律规定是允许质疑的、可以公开讨论的、只是暂时的,所以每当有特殊情况发生时,我们都要开一次立法大会,集体讨论一下,不管是民众集会,还是君王召集大臣在朝堂辩论,结果都是要把旧的规定改为"无雨雪之阻,失期,法当斩;若遇雨雪,可宽限十日,不至,法当斩"。你能想象国家的庄严律法被当成了一遇到点事就要更改的灵活"文件"之后,社会和政府将变得何等混乱吗? 每个杀人犯,都能找出一大堆律法中未曾规定或涵盖的额外信息,来要求更改法律。法治的成本会被无限增加,而这样的社会状态,就是老百姓最厌恶的"法无定法"的状态。

连贯性本来就更令人信服,然后再加上层层分析,那么愿意坚守和维护其结论的人,就应该是更受尊敬,被赋予更大权限的人。若不如此,难道我们要让那些执法时率性而为、立法时天马行空、护法时前言不搭后语的家伙来当管理者?既然不愿如此,现任的管理者就是要把偶然发生的、由不确定性产生的新信息过滤掉,以维护原有系统的连贯性,以表达对原有系统与生俱来的严格分析过程的尊重与敬畏。如此说来,是我们所有人,为了抵抗不确定性,搭建了一个人为控制、消除了不确定性、不严格符合现实的环境系统,培养了一批尊崇连贯性、笃信分析性的高级人才。我们既要求这些人严格按照连贯性的逻辑要求、分析性地在此大环境中维护系统的运行,同时却还抱怨他们在出现不确定性时没有突破或放弃已有的连贯性要求,责令他们在短时间内迅速地用分析性的方式来建立新的逻辑。我们这样做,明明就是"自我打脸而不自知"的行为。

因为要处理问题的不是自己,或者遭受了损失的恰是自己,所以我们就想当然地认定自己有理由提出上述要求。我在这里不是要替谁讲好话,而是希望大家看清楚,明白所有这些社会悲剧的源头在何处。强势坚守连贯性的人,经常被我们用"愚蠢"和"迂腐"一类的词汇来形容,可他们真的如此不堪吗?他们肯定比大多数人更聪明,智商也更高。你说商鞅或秦始皇制定的法律有问题,请问当时功勋卓著的人是谁?是某个普通的农夫?我们不可以现代人的眼光,站在既定优势的立场上,端着"外行人+围观群众"的架子,却以裁判的口吻来妄测前人的心肠。为此我特别赞同国学大师陈寅恪的观点,对待历史,我们要抱有"同情之理解,理解之同情"。没错,那时的人真"傻"到做饭不放油、睡前不刷牙、擦屁股不用纸[①]可是每个时代,甚至每一天都有不确定性的创造发生。在这一切都不可知、不可测的情况下,一个人能综合现有的信息,创造刻上了自己印

---

① 中国到宋代才有食用植物油的记录;唐宋时虽已有刷牙工具,但像样的牙刷直到明清才出现;而直到一百年前左右,人类才有了卫生纸。

记的历史,岂是平凡人能轻易为之的事情? 有人非要认为他们愚蠢,我反而觉得相信这种评价的人,不是真的愚蠢。

稍加总结:

(1) 分析性的认知过程,一般不易出错(错误频率低),但是一出错就是大祸临头(错误危害大);

(2) 直觉性的认知过程,经常出错(错误频率高),但是多数情况下出了错也不会造成过于严重的后果(错误危害小)。

当然,这不是在做绝对化的概括,世界上当然存在直觉判断造成严重后果的事情,毕竟即使在"后果"的本质内容里,"不确定性"也还是有一席之地的。

3.3 用直觉获得理性

3.3.1 为什么人会上当受骗

前文讲到,人的直觉已被证明其实是非常简单的线性模型——对三到四个可疑指示物的信息进行相加或平均。出于生存和繁衍的需要,人会在看到任何物体时都下意识地寻求连贯性,即看看这东西是不是在物理上有逻辑性。比如,一头大驴旁边有一只小蚂蚁,人看了会觉得这很合理、很常见,没什么特别的。但是若一只巨型蚂蚁旁边站着一头微型驴,人们往往看一眼就会惊讶不已,觉得一定是哪里出了问题。大多数人会尽快为这个奇怪的场景寻求一种解释——艺术家们在玩视觉冲击的游戏? 这只巨型蚂蚁只是墙上的图案? 这头小驴应该只是一个玩具? 人们给自己找到一种有逻辑的解释,也就是找到了连贯性之后,才会觉得安全,才能够平心静气地继续生活,否则心中会带着一种疑惑,不安地四处打听原因。人类天然地在寻求连贯性，天然地希望创造一个有逻辑的安全环境，而这种环境正是控制了不确定性之后才出现的。

如果你问一个人，哪种学问是最科学的，十有八九，你得到的回答是数学或者物理学。为什么很少有人会怀疑数学家的成果？首先，因为多数人确实看不懂；其次，因为数学的论证是分析性而非直觉性的，数学内容的前后有逻辑关系，看上去特别理性，特别有连贯性。人总是希望用理性对抗不确定性，因为我们能从数学中找到理性，所以我们觉得数学一定是"对的"。这就很有意思。人在面临管理上的问题、身体健康方面的问题、文学类型的问题时，即便是外行，也总能聊几句，发表些意见，因为谁都不认为这其中有绝对意义上的对错之分。但数学结论对的就是对的，错的就是错的，错了也敢于承认，那么，你若是外行，就不会，甚至不敢在专业结论上指手画脚。看着理性的数字答案，人往往不会心存不安。人们对于连贯性判断的评估，以分析性结论为准；直觉性的结论有可能对，也有可能错，关键看是否与分析性的结论相同。

简单点说，人对于一次判断的评估，是以"通过分析获得了连贯性"的结论为准的，而不是以"通过直觉获得了连贯性"的结论为准的。首先，评判对错，要看找没找到连贯性；在都获得了连贯性之后，看谁是用分析得到的连贯性。比如，都铎王朝的伊丽莎白一世女王登基之后，一直以"童真女王"著称，各国君主甚至都期待通过娶到她而与英国联姻，以此得到英国的财政支持。求婚的队伍浩浩荡荡，求婚者包括哈布斯堡王朝的西班牙国王菲利普二世、瓦萨王朝的瑞典国王埃里克十四世、神圣罗马帝国的查尔斯大公、奥尔登堡王朝的荷尔斯泰因公爵，以及国内的第十二代阿伦德尔伯爵亨利·菲查伦、威廉·彼格林爵士，甚至还有著名的宠臣罗伯特·达德利[1]。假设你是当时菲利普二世派往英国的大使，忽闻卢瓦卢王

---

① Weir A. The life of of Elizabeth I[M]. New York：Ballantine Books，1999.

朝的法国国王查理九世前来求亲，请你判断，女王会答应这门婚事吗？

　　不管是通过直觉判断还是分析判断，都要先寻求逻辑性，也就是首先要符合理性的标准，要在道理上能讲得通。"我"一得到消息，立刻向人打听双方的年龄，发现女王已经 31 岁，而查理九世才 14 岁，直觉告诉"我"，这门婚事绝无可能。可以这样通过直觉思考问题吗？可以，而且这么想是有连贯性的。但是"我"还可以再分析一下。第一，英国驻巴黎大使曾告诉女王，说查理九世腿部比例失衡，个性冲动，而且连一个英文单词都看不懂，而女王本人面容姣好，气质出众，根本不可能愿意委身于一个如此猥琐的人；第二，女王的姐姐就曾嫁给法国的君王，是一场著名的"姐弟恋"，结果后来她遭到丈夫的嫌弃，将这一切看在眼里的女王，绝不会重蹈姐姐的覆辙；第三，英国正面临巨大的宗教矛盾，随时可能引发外国的入侵，而女王之前不断吸引各国的求婚者、又不断婉拒他们，表明这种行为本身就是一种政治操作，让所有人都期盼英国的友谊，同时又不敢轻易兴兵于英国。分析得到这些结论之后，"我"就更加相信，女王一定不会答应英法之间的这门亲事。注意，这些结论与前面的直觉性结论一样，都是具有连贯性的，但后者是通过分析得来的，相比前一种的直觉判断更为可信。

　　请读者注意，后一种判断之所以更"对"，是因为我们可以得到事实上的信息（买一送一）。如果缺乏这种信息呢？可怕的事情就有可能发生。在缺乏经验标准（事实判定）的情况下，人们倾向于通过补充逻辑来让自己的结论可信；而因为直觉相比分析更难获得完美的逻辑，所以在时间不足的情况下，人们面对"缺乏事实信息且看似充满逻辑"的结论，既不能发现其逻辑漏洞（说话的人绕开事实讲逻辑），又容易被表面的逻辑性所迷惑（听话的人脱离分析过程），极易上当受骗！一些出名的演讲者、煽动者、鼓吹者，就是一群特别善于利用人们上述特性的家伙。

3.3.2 为什么要分清两种能力

前文讲到,首先要看清问题,这个问题是应该用**方法 1** 进行事实判断的问题,还是应该用**方法 2** 进行逻辑判断的问题。**直觉,擅长事实判断;分析,擅长逻辑判断**。把这两者弄混的话,要么你容易受骗,要么你在故意骗人。

这让我想起了宋朝的军队制度。北宋时期皇帝直接掌握军队的调动和指挥大权,军权下分三个机构:枢密院、三衙、率臣。枢密院能调动军队,但不掌握军队;三衙控制军队,但调动不了军队;率臣即各种统兵之官,都是皇帝临时任命的,打完这一仗立刻返回朝廷,不能继续留在军队里。所以,宋朝军队到后来常常是"兵不识将,将不识兵"。这种设置自然是解决了唐代中期以来的藩镇割据问题,除了中央政府,其他地方政府都不再具备大规模的强大武装,无法再与中央对抗,内乱减少;但同时因为地方力量薄弱,外敌只要入侵就可以直入国境,只要不打到皇城脚下,就遇不到像样的抵抗。

既然皇帝更害怕的是天天带兵的人一旦出征克敌成功就不再服从中央,自然常常派一些不懂军事,但忠诚于皇室的文臣,充当率臣去带兵打仗。因为率臣不是行伍出身,皇帝就会让他们出征时带着各种皇帝御赐的布阵图,让他们直接按照预定的路线、阵型、打法进行战斗,反正文臣不懂军事,所以只管执行皇帝制订的计划就好了。这种计划往往来自枢密院。一群没有行伍经验的儒臣制订出各种地图,以及布阵、行军、后勤的计划,要求率臣严格执行。最著名的当属"阵图",即就算明知道当前的阵图不适合用于抵抗敌军,率臣们也要采用。不按照"阵图"来,就是抗旨谋反。因为不懂军事的人具有实际指挥权,所以军队常被打败。

前线的官兵是要经常使用直觉进行事实判断的。比如,左边的一条路,一看就通向河边,金人的骑兵不方便展开,所以适合我方摆阵迎敌。

前线官兵要依据客观情况随机应变，不教条、不死板、实事求是，才有战斗力，这需要通信能力足够强才可以实现。坐镇后方的高级指挥官，则是要经常通过分析来进行逻辑判断的。比如，左路有三千兵马，右路有五千兵马，左路是旱路，右路有河流，应派两路人马同向右路依水布阵。高级指挥官总要向皇帝或监军阐述自己的逻辑，表现出高度的理性，才有说服力，需要连贯能力足够强才能过关。但是，皇帝连阵法都要写进计划里，到哪个山下、用哪个阵法，前线官兵竟然全都要依从圣旨，凡是按照圣旨布阵的，输了也没有过错，凡是不依旨意行事的，赢了也要杀头。这种规定，就直接产生了一种不合理的应对方式：前方官兵等于是在凭借高级指挥者的连贯能力对抗战场上的不确定性。比如，右路本来确实有水，岂料上半年大旱，河水上个月已经被晒干；左路本来确实是旱路，可是前几日天降暴雨，旱路变得泥泞无比。解决不同的问题，需要不同的能力，可是一旦弄混了，必然是屡战屡败的结局。

至此，相信读者已经明确，首先，使用直觉认知来追求连贯性是不可行的；其次，缺乏事实信息的人需要补充连贯性，才可以提升自己的可信度。一位领导也许会在面临困境时这般思考：既然不知道这个月公司会不会垮（缺乏事实信息），那就只好逻辑严密地向大家论证一下为什么公司可以渡过难关（补充连贯性）。为什么要这么做？因为领导知道，员工在听自己演讲的短时间内，既无法获取信息验证事实，又来不及利用分析来验证逻辑，而且员工会在直觉上主动寻求连贯性，而觉得领导的理性论证非常可信！做人实在又讲诚信的演说者，要么喜欢拿大量事实或数据佐证自己的观点，要么习惯于慢条斯理地分析出逻辑；水平更高的人，则能两路并进，既不强行填塞逻辑，用以掩盖缺乏事实证据的尴尬，也不用轻浮的谈吐来阻断听者的思考。当然，这种人总是少见的，大多数的演讲者，都爱利用人们这种心态来"操控"听众。因为人类偏爱用直觉获得理性。

3.3.3　怎么骗人

首先说明,我不是故意在本书中教你诈。人的直觉性判断,确实容易在追求连贯性的过程中犯错。说这句话,并非是要批判人类的低水平直觉。从本质上讲,理性上的"正确答案",本来就是人通过分析过程,慢慢推导得出的符合逻辑、具备连贯性的答案。如果我们非逼着一个人在短时间内用直觉来做此类判断,那么,他得到"错误"答案,原本就是一件很正常的事情。或者说,他此时给出的答案,对于直觉判断情景来说,就是一个"正确"的答案。一个普通人,就算理性到极点,是个从来不哭不笑、不为情绪左右的冷血人,但你若逼他在 1 秒内回答"194 与 4.56 的乘积是多少",他要么乱猜一个他觉得差不多的数字(妄图用直觉获得理性——直面失败),要么只能表示做不到、放弃回答(坚持不用直觉获得理性——避免失败)。总之他很难成功给出正确答案。

不得不说,很多真正足够理性的人,是宁愿说"不知道",也不愿意随便说一个答案的。这并非是他们扭捏、怕丢脸或不爱配合提问者,而是他们把理性当成一种原则来坚持。不回答,本身就是对理性这种原则的坚持。当然,聪明的读者也许已经憋着要问另一个问题了:难道有了充足的反应时间,人们就都能得到正确答案了吗? 当然不能,毕竟不是人人都能聪明到自证勾股定理的。你觉得加减乘除运算是小菜一碟,可若是广发问卷进行测试,我们得到的正确率也绝不会是 100%,因为总有应答者会这样做:① 明明会推导,也可能看错题目中的数字;② 干脆忘记如何进行运算推导;③ 直接懒得做推导运算;④ 即使算对了,也因为粗心而出现誊写错误。

既然理解了这类常见错误,想利用这种错误骗人,应该怎么做呢? 最简单的方法,是看看前人之中那些惯用此法的家伙,照着学就是了。人的判断,有些缺乏事实性(胡编乱造),有些缺乏逻辑性(前言不搭后语);搞政治煽动性演讲的人，往往就是事实和逻辑都缺乏的错误判断之集大成者。他们常用的骗人方法包括：

（1）不谈分析，使用直觉认知一切；

（2）不提数据，拿出偏见定下结论；

（3）不要论证，根据需要提炼概念。

这三点，用四个字概括，就是"拒绝理性"。理性需要分析，在心理运算层面上，对人的大脑是一种负担。比如，社区居民通过竞选的方式选出业主委员会主席。普通人又不是专业的政客，下了班要休息，业主委员会主席选举，轻轻松松、热热闹闹、快快乐乐地选完就好，无须复杂的分析、数据或论证。来点音乐，用噪声阻断思考；来点啤酒，让人糊涂一点；来几句口号，保证只有一种声音；来几轮合唱，通过集体施加压力；来一场演说，宣扬利益压倒成本，于是候选人的光辉形象就树立起来了。学者们称这种人属于"浪漫主义"的政客。为什么这样称呼他们？请想象一下情场高手获取姑娘芳心的手段，其实他们与浪漫主义政客的思路很相似。

（1）不谈分析，使用直觉认知一切。他们会对追求的动机进行类似的说明：我一眼就爱上了你；我也不知道为什么，看到你就心跳加速；我发现你看见我的时候你自己也会笑。有分析吗？没有。要进行分析吗？不用。凡是仔细描述姑娘脸上没有雀斑、肩上没有头屑、腰上没有赘肉、眼角是在家整容店开的、文胸是什么牌子等"爱上她的证据"的追求者，都是很难被姑娘认可的。一旦进行细致的分析，你就输了，因为这样会给姑娘带来心理负担，使得她要费力去用分析的方法获得连贯性。她若是懒得分析，你就变成缺乏连贯性的人，直接出局。

（2）不提数据，拿出偏见定下结论。他们会对自己的形象进行类似的描述：老师说我是个非常努力的孩子；我去年当上了学生会主席，我觉得自己未来肯定能在仕途上更有发展；上个月公司给了我不错的业绩提成，下个月我应该能做得更好。根本无须提到别人对自己的评价，就算提，也要挑好听的来说;根本无须提及自己竞选班长、组长、所长的各类失败历史,等以后想突出自己坚持不懈的品格时,再拿出来用;更不要说上个月的提成其实只有几十块钱,暂时不说,提成明显升高之后,再试着提一次,也许她早就忘了这回事。

(3)不要论证,根据需要提炼概念。他们会对眼前的姑娘进行类似的表白:你的眼睛就像天空中的星星;我对你的思念,仿佛大海;你就是我的阿喀琉斯之踵。眼睛具体怎么像星星,思念又如何像大海,为什么突然姑娘就变成了你人生中阿喀琉斯之踵那般的巨大弱点,都不要去论证。论证是费力不讨好的事情,最好只是抽离出一大堆的高雅概念,轮番使用,别管这些概念之间有什么关联,甚至究竟有没有关联,只管连起来表达就可以。圆谎是确定关系之后的事情,先圆了爱情梦再说,别使自己令她讨厌就好。

3.3.4 如何防止被人骗

读者一定见过非常理性的人,觉得他们好像没有情绪的傻子一样。我在成长的过程中也有类似的感觉,曾认为凡事都诉诸情绪,是一种非常不高级的行为。只谈"要",不谈"为什么要",就显得很不上档次;可是谈"为什么要"的时候,只谈"因为必须要,要不到就有多难过",就更显得不上档次。不过,这样非常讨巧,沟通的"成功率"很高。特别是想要达成某种目的的人,说话就往往不给理性留空间,字词之间仿佛都塞满了情绪。

我还记得辜鸿铭谈男女关系的故事。这位"清末怪杰"精通九种语言,有十几个博士学位,曾把《论语》翻译成英文,以至于西方人曾说"到中国可以不看三大殿,不可以不看辜鸿铭"。但不管他看了多少年的莎士比亚和培根,与托尔斯泰互通了多少封书信,他始终带着瓜皮小帽,拖着清朝的辫子,无限推崇儒家学说,诡辩之时,仍处处体现了古旧国人不求理性的脾气。他不但将纳妾合理化,主张男人娶小老婆,还说"男人是茶壶,女人是茶杯,一个茶壶肯定要配几个茶杯,总不能一个茶杯配几个茶壶"。也许很多人都会觉得这个比喻很巧妙,可只需一句话就能点破:为什么可以把男人比做茶壶?为什么这种比喻是合理的?难道是因为这两者都是大肚子,或者敲开脑壳往里头放的都是干叶子?

《三字经》中有句话,"三才者,天地人,三光者,日月星",读起来朗朗上口。但是我们也可以多问一句,三才和三光有什么关系?为什么天才就是日光、地才就是月光、人才就是星光?这其中有什么逻辑关系?凡事多问一句,其实我们心里自然就有另一个层面上的答案。

如果你仔细分析对方论调,发现其中尽是简化了的概念,处处都省去了该有的分析、数据和论证,你最好能警惕地产生怀疑。为什么要简化,为什么要省略这些该有的内容,为什么直接把两件不相干的事物关联起来?比如,有热心的亲戚劝你早结婚,常常会说:"人家到你这个年龄都成家了,你想要幸福,也不能落后。"若是随便聊几句,能混过去就算了,可若这位亲戚义正词严地站在道德和长辈的高地上训导你,你大可以先分析一下她刚刚说的话,"这个年龄的"都成家了?这不过是直觉认知;想幸福"都要"成家?这属于偏见定论;"人家"都是谁家?这显然是概念提炼。再进一步分析:婚姻"等于"幸福吗?对方并没有进行分析。落后的"都"不幸福?对方故意省略了数据。"幸福"是什么?对方缺乏严密的论证。两轮分析过后,是不是觉得你都可以给这位亲戚上一课了?

3.4 用分析获得理性

3.4.1 用事实进行解释

理性的人最乐于接受的,是用事实信息作的解释。在读书读到"诸葛亮五出祁山"时,我为什么可以认定司马懿还能守得住? 因为我看过了他们对抗的历史,在之前的四次对抗中,魏军的防御成功率高达100%,所以我觉得这次魏军还是能守住。这就是利用通信能力做出的事实判断。只要信息可靠且全面,我们做出精确判断的概率就会很高,我们活着就不必那么累——所有的事情都是有事实依据的,需要动脑子的事情自然就少了。相比之下,凡事都靠逻辑的人,生存的难度应该会高出许多,因为不管他要做什么事情,都要找到逻辑依据,然后表达出来。连贯性本身是非常不易表达的,不比事实信息,画个图、列个表、出个数就可以表达清楚了。如果想要用口头上的语言向别人灌输自己的逻辑,更是难上加难。

因此,一方面是因为难度高,比如我不知道如何证明"勾股定理",一方面是因为成功率低,比如我被GPS导航带到了山里,所以大多数普通人都是不擅长逻辑推理的。这也没有什么可抱怨的,毕竟智人群体中开始有人追求理性,一直到现在,不过数千年,而在此之前,人类早已依靠通信能力活了百万年之久。从古至今,人的大脑都习惯于处理多重可疑指示物,全然没有逻辑的负担。逻辑本身又是如此脆弱,小小的差错就能酿成大祸,所以,人们对逻辑的热情不高,也是可以理解的。

比如,很多人都以为法律体系是逻辑严密的体系,但如果你翻看各个国家的法律条文,就会发现其中蕴含着的,是不同国家自身千百年来的发展历程,绝不是简单地从某个大原则中推导得出的细节。观看角斗士决斗一直是古罗马公民的重要娱乐项目,当时法律允许贵族专门培养彼此搏杀的奴隶或战俘是为了激励士气,并通过主办这种娱乐项目提高贵族的声望,以利于贵族在选举中得到更多的选票①。后来罗马高层发现宗教人士认为角斗士表演有损生命的圣洁而将其废止,并以法令的形式将角斗士们送到矿山服役②。如果有人天真地以为"爱惜生命"这个原则"天然

---

① Goldsworthy A. Caesar: life of a colossus[M]. New Haven: Yale University Press, 2008.
② Frankopan P. The silk roads: a new history of the world[M]. New York: Vintage, 2017.

地""从古至今"都在指导着某个国家或民族的法律，就大错特错了。前文讲到，"分析配连贯"是很可能出大错的，所以，现在我们面临的问题，不再是能否用直觉获得理性的问题，而是在理性失败之后，我们是否会一败再败的问题。

3.4.2　两种需要警惕的主义

前文讲到"理性的失败"，现在越来越多的人开始不相信理性的力量，可那些出于某种坚持而选择放弃理性方法的科学家们，常常料想不到，当今社会在理性至上主义还没被彻底抛弃的同时，还出现了重返阵地、愈演愈烈的浪漫主义。

之所以说理性至上主义还有残留，是因为余孽还没有清理干净。还记得毕达哥拉斯学派的人是如何处置发现了 $\sqrt{2}$ 的希伯斯的吗？如今社会上还有很多这样的人，动辄叫嚣"吃狗肉的人要判死刑""拐卖儿童的人要判死刑""杀到东京去""用核武器炸平敌人"。其实仔细观察后就会发现，说这种话的人，很少是理性的专家或学者。"最大化方案"就非常符合理性至上主义者的胃口，"宁可错杀，不可放过"，对假阴错误无法容忍，宁愿殃及无辜的人，可以忽略那些子虚乌有、漏洞百出的所谓"证据"，先消灭了再说。学者们称之为**劣质的理性主义**[①]。

之所以说浪漫主义重返阵地，是因为其实人类刚刚度过了一段这样的时期。苏联的"古拉格劳改营"就是血淋淋的例子。劳改营可能就设置在铀矿附近，强大的辐射笼罩四周，犯人们在缺乏保护的情况下被强制工作，大量的人因为饥寒交迫以及放射性疾病而死去，平均存活不到十个月。1970 年的诺贝尔文学奖得主索尔仁尼琴在他的长篇纪实巨著《古拉

---

① Hammond K. Beyond rationality：the search for wisdom in a troubled time[M]. Oxford：Oxford University Press，2007.

格群岛》中说,逮捕是进入古拉格群岛的唯一途径,而刑讯是保证劳改营不断壮大的基础。一旦人们进入了古拉格,无论是否真的有罪,总会有一个"合适"的罪名在等待着他们。人们被鼓动起来,不要分析、不要数据、不要论证,这都是政治上的浪漫主义在作祟,学者们称之为劣质的浪漫主义。需要读者当心的是,政治浪漫主义的行为,常常是人们在还没有对自我的认知过程有着清醒认识的情况下出现的,人们根本没有想清楚自己在做什么。

劣质的理性主义,一般让人先思考,再进行系统化的灌输,通过信徒自身的修炼而与之达成共识,通过分析获得连贯性(理性)的快感,最后让人们至死不渝地追随。凡是参与拐卖儿童活动,就一定要被处死? 这种想法就是不分轻重、容忍不了假阴、力求一个都不放过的劣质理性主义者的想法。这符合纯粹的理性吗? 符合,就像陈胜、吴广应该被杀一样,十分符合理性的要求。失期,法当斩嘛! 但是读者应该会给自己提个醒:符合他们所谓的理性,是我们社会的唯一目标吗? 如果法律都是由某个特定的路径、公式、方程推导出来的,那立法者必须告诉我,他最初和最根本的那个原则、公式、方程到底是什么。难道是"儿童与父母决不可被强制分离"的大原则? 那国家义务教育强制儿童上学,白天离开父母,符不符合他们的理性? 或者是"涉及儿童问题的罪犯一律处以死刑"的大原则? 难道幼儿园虐待孩子的老师也要被处死吗? 我们但凡多问几句,就能发现这类论证是站不住脚的。我们无须问他们如何推导到这一步,只需问一个问题,"是谁规定了只有他们的初始假设是绝对且唯一正确的假设",就可以让他们的逻辑不攻自破。不顾及常识和社会道德需求,往往是这类理性主义的低劣之处。

劣质的浪漫主义不需要人去思考,也无力进行系统化教育,人们只要进行短暂的直觉性的判断,通过直觉获得连贯性(理性)的快感,就一窝蜂地行动。或许在智力上,相比前文中的理性至上主义者们,劣质的浪漫主义人群看起来不是那么高级，可他们起哄、跟风、煽动起来的力量，也是非常恐怖的。这就好比蝗虫，个体威力小，可是蝗灾一来，简单粗暴的洪荒之力，也足以产生吸引无知无畏者的暴力美学。人出于对不确定性的恐惧，特别喜欢抱团，因为即使没有找到智者，人们也希望通过充当巨大群体中的一分子，变成能从鲨鱼口中逃过一劫的沙丁鱼。为什么大合唱、大集会都能唤起人们心中至少一丝的安全感？因为"其他人都如此"！这本身就似乎赋予了群体行为以"至高无上"的正确性[①]。所以，当你发现一种思潮，其内容小于目的，也就是说，它向外输出的可用信息极少，或者值得怀疑，但是它对情绪的调动能力又很强，你就必须告诉自己：其中有猫腻，莫要当炮灰。往往是不要分析、不要数据、不要论证的骗子，最容易赢得鲜花、掌声和泪水，请读者切记。

3.5　大师们的想法

3.5.1　埃贡·布伦斯维克

前文讲到，牛顿当年给我们带来了蒸蒸日上的机械主义浪潮，人们突然觉得一切皆可知，万物皆有理，心理学家们也不可避免地被这股浪潮裹挟了。心理学界后来流行机械、计算机的观点，有点把人当成机器的意思。后来，另一位大师的观点越来越受到重视，这个人就是著名的查尔斯·罗伯特·达尔文（Charles Robert Darwin）。他的《物种起源》及进化论的思想，如今已经是家喻户晓。从个人观点出发，我觉得严复将达尔文的这本书的书名翻译成"天演论"确为妥当，"物竞天择，适者生存"的翻译

---

① Le Bon G. The crowd: a study of the popular mind[M]. Mineola: Dover Publications，2002.

更是恰到好处,其中并没有强调后代必然比前代"进化"的意思,而只是说经过了"演化"而已。这是一种比较温和的译法,因为一旦人们把关注点放在"进化"二字上,那么社会达尔文主义等一系列的不良思潮就会冲出来了。

一开始,进化论这种思想是不被主流学术界接受的,主要原因就是客观的证据太少,难以解释的事实太多,所以,在心理学早期的机械主义大潮中保持清醒的人不多,因坚持达尔文的观点而备受冷落的埃贡·布伦斯维克(1903—1955)就是其中之一。在《物种起源》的最后一段话里,达尔文描绘了一个著名的河岸①:

> 凝视纷繁的河岸,覆盖着形形色色茂盛的植物,灌木枝头鸟儿鸣啭,各种昆虫飞来飞去,蠕虫爬过湿润的土地;复又沉思:这些精心营造的类型,彼此之间是多么地不同,而又以如此复杂的方式相互依存,却全都出自作用于我们周围的一些法则,这真是饶有趣味。这些法则,采其最广泛之意义,便是伴随着"生殖"的"生长";几乎包含在生殖之内的"遗传";由于外部生活条件的间接与直接的作用以及器官使用与不使用所引起的"变异":"生殖率"如此之高而引起的"生存斗争",并从而导致了"自然选择",造成了"性状分异"以及改进较少的类型的"灭绝"。因此,经过自然界的战争,经过饥荒与死亡,我们所能想象到的最为崇高的产物,即:各种高等动物,便接踵而来了。生命及其蕴含之力能,最初由造物主注入寥寥几个或单个类型之中;当这一行星按照固定的引力法则持续运行之时,无数最美丽与最奇异的类型,即是从如此简单的开端演化而来、并依然在演化之中;生命如是之观,何等壮丽恢弘!

---

① 达尔文.物种起源[M].苗德岁,译.南京:译林出版社,2013.

布伦斯维克从中意识到了多重可疑指示物的重要性，所以提出了生态方法，也就是说，我们看任何系统，都要带着发展和变化的眼光[①]　人类面对的世界中，几乎没有任何的现实环境，能够像物理学家的实验室，甚至像理论物理学家的思维模型那样缺乏生态性。我们从来都没有生活在静止的生态环境中，客观世界瞬息万变，亿万的人进出其间，不仅相互之间的关联阴晴不定，而且即使聚焦到某一个个体，生理和心理状态也是难以捉摸的。想如同物理学家计算能量那样，用某个理性的公式计算出某个人下一秒的想法吗？布伦斯维克对此表示不屑。在你列出方程的那一刻，这个方程所有已知的变量值已然都消失了。为什么？因为这个世界上永远存在那无法消除的、客观上的不确定性！

其实布伦斯维克遭到冷遇也是很容易理解的，因为他所提出的质疑，是当时的主流学术界无法应对的难题。当时的心理学实验（其实直到今天也是如此）是这样的：要应用一种理论，推广到某个人群中，就在实验室里挑一批人，假设这批人能"代表"所有的人接受各种心理任务的挑战。当然，在验证理论上，上述做法是没有问题的[②]；问题出在推广应用上。布伦斯维克的疑问在于，真实人群的社会、经济、物理环境在实验室里是无法完美还原的，那么在实验室里得出的理论是不是从根本上就不具有可推广性？

其他学者听了肯定会很不高兴：不是我们不想完全复制环境，而是做不到，但是若真的如你所说，我们这批人只能改行或者失业，那还是假装看不到你为妙。大家主要持"你提的要求不可能实现"或者"你关心的这些因素其实不重要且与主题不相关"这两种态度。布伦斯维克坚持认为当时的主流学术界使用了双重标准：实验室里用的是一种标准，真实生活

---

①　Dhami M K, Hertwig R, Hoffrage U. The role of representative design in an ecological approach to cognition[J]. Psychological Bulletin, 2004, 130(6): 959 – 988.

②　Stanovich K E. How to think straight about psychology, 10 ed[M]. London: Pearson, 2012.

中用的是另一种标准。于是双方不欢而散。

布伦斯维克后来确实用实验证实,这种双重标准是可以被打破的[①],但这不是一个"传统意义上"的实验,因为他没有试图去实施单一变量原则。这个原则非常有名,如今的科研工作者都在尽力遵守。比如,我们要比较 A 和 B 两种药物,按照单一变量原则,如何才能证明 A 或 B 效果更好呢? 我们需要找到足够多的、患有相同疾病的一群人(最好他们都处在该病症的同一阶段),将他们随机分成两组(保证基本情况相似,避免出现"一组全是男的,另一组全是女的"或"一组全是老人,另一组全是孩子"这类情况),然后让第一组服用 A 药、第二组服用 B 药,若是第一组的治愈率更高或恢复效果更好,则说明 A 药比 B 药好。注意,这个实验要尽全力做到只有"A、B 药物不同"这唯一的变量,其他的因素都要尽量保证等同。两组人要相近,两组人的病也要相同,即第二组必须服药,因为"吃药"这个因素必须是等同的,唯一不同的,就是所服用的药物不同。

单一变量原则发展到今天,科学家们对实验的控制更进了一步:

(1)为了防止病人之间相互沟通、知道了彼此的差别而产生"安慰剂效应",不仅"吃药"这个动作是相同的,连 A、B 两种药物的味道、形状、吃法都要相同;

(2)为了防止医患关系太好而令实验人员的"表演"穿帮,不仅病人不能知道自己吃的是 A 药还是 B 药,就连医生护士们也不能知道,甚至连送药、装药瓶的工作人员都不能知道;

(3)为了防止某个特定族群可能存在的特定药物反应,不但要在多个医院做实验,而且要在多个城市和地区的多个医院做实验。

我相信,未来的实验还能更进一步,为保证只有单一变量而进行更加无孔不入的控制。等基础医学工作者有了钱,可能还要去控制两组病人

---

① 这个实验非常有趣,可参见：Brunswik E. Representative design and probabilistic theory in a functional psychology[J]. Psychological Review,1955,62(3)：193-217.

吃药时是否都心情愉悦，是否都是由女护士给男病人喂药吃，是否都是白领工作者，是否都已婚或者有孩子，有孩子的是否都是兄妹组合，兄妹是否都正好差三岁，等等。其实布伦斯维克质疑的就是这种趋势：就算你们有本事做到在病人分组时全用得病了的同卵双胞胎做实验对象，也一定还有其他的更深刻、更细致的因素，是不符合单一变量原则的。

布伦斯维克的实验结果证明，人在自然环境条件或是在具备了充足信息的条件下，判断的准确率是非常高的！也就是说，人类天然具备了高超的判断能力，于是他直接把人比喻成"直觉统计学家"①。这就让很多同时代的做法显得很可笑。比如"只用单一测试来录取人员"的做法，如今正是我们所抨击的社会现象。很多政府部门在挑选人才时，明明要录用一个体育老师，却让他们参加英语考试；明明要找一个会打字的录入员，却要求他们具备网页设计的能力；直至今日，中国的研究生入学考试中，竟然还要统考英语。你让学美术、学历史的专家们怎么办？孟子曰："人之所不学而能者，其良能也；所不虑而知者，其良知也。"请问为什么专业领域的人才必须具有"将专业术语翻译成通顺的外文"的能力？枢密使怎么翻译？行人司怎么翻译？就算能勉强翻译，有必要让每一位历史老师都有此技能吗？

布伦斯维克提倡的研究方式，就是回到受试者真实的生活环境中，研究自己的实验设计是否具备代表性，这种研究方式不纠结于研究是否符合单一变量原则，因为绝大多数学科都是无法严格按照此原则进行研究的。信奉并追随他的研究人员，被称为**布伦斯维克式**（Brunswikian）研究者，我在本书中将他们的研究简称为**布式研究**。

① Brunswik E. In defense of probabilistic functionalism: a reply[J]. Psychological Review, 1955, 62: 236-242. 以及 Peterson C R, Beach L R. Man as an intuitive statistician[J]. Psychological Bulletin, 1967, 68(1): 29-46.

关于这位大师的性格,我必须多啰唆两句:他是一个"丝毫不知妥协为何物"的知识分子。他曾在维也纳心理研究所学习,属于当时最著名的**维也纳学派**成员之一,秉承了该学派**逻辑实证主义**的思想。逻辑实证主义学派是 20 世纪 20 年代发源于奥地利维也纳的一个学派,继承了奥古斯特·孔德(Auguste Comte)于 19 世纪提出的**实证主义**,并试图使之形式化,主要关注的是科学知识与事实之间关系的逻辑形式。后来纳粹夺权,德国和奥地利的许多学者都遭到了迫害,学术资料和影响力都被抹去,布伦斯维克几乎只身逃到美国,在加州大学伯克利分校重新起步[①]。当时美国心理学界的无知和敌意甚重,敢于挑战权威的布伦斯维克简直是在"庸众"中苦苦奋斗。

其实布伦斯维克的研究可以用**概率机能主义**(probabilistic functionalism)来概括:

(1)机体需要对环境做出推断,才能更好地适应环境,成功存活并繁衍——**成效**;

(2)机体身边可得的所有用来推断的线索都是不确定的——**模糊性**;

(3)机体通过替代或连接相关的线索来进行线索加工——**代偿机能**;

(4)要研究成效和代偿机能需要使用特殊的方法——**代表性设计**。

与他同时代的人,都陷入了心理学研究的圣经式原则之中。1938 年,亨利·霍尔特(Henry Holt)公司出版了罗伯特·塞申斯·伍德沃斯(Robert Sessions Woodworth)的《实验心理学》(*Experimental Psychology*),从此以后,这本被称为"**哥伦比亚圣经**"(伍德沃斯当时在美国哥伦比亚大学任教)的教科书成为心理学实验方法的权威,而罗纳德·艾尔默·费希

---

① Gigerenzer G. Ideas in exile: the struggles of an unright man[M]//Hammond K R, Stewart T R, et al. The essential brunswik: beginning, explications, applications. New York: Oxford University Press. 中文版:格尔德·吉仁泽.适应性思维:现实世界中的理性[M].刘永芳,译.上海:上海教育出版社,2006.

尔(Ronald Aylmer Fisher)①的方差分析等统计方法,因与该书的实验标准完美匹配,也成为主流统计方法。如果布伦斯维克"明智"一点的话,应该顺应潮流,像其他学者一样,不要去质疑费希尔的原则(实验设计必须匹配于统计方法),也不要去质疑伍德沃斯的原则(控制单一变量),而是应该跟着这些学术明星的脚步进行研究,以他的才能,想要获取足够的学术项目和资金支持,应该是不成问题的。迄今为止,心理学研究也没有摆脱"哥伦比亚圣经"和费希尔教条的影响,全世界上千万万的心理系学生,仍然在"控制单一变量"和"根据统计方法设计实验"的大框架下学习。正是这些潮流合力将布伦斯维克排除出了主流心理学术界。

布伦斯维克坚持不放弃自己的思想。他的学生肯尼斯·哈蒙德就保留着布伦斯维克手上的一本"哥伦比亚圣经",在第2页的"除了一个条件外,所有条件保持恒定"这句话旁边,布伦斯维克批注了三个字:"不可能!"现实是残酷的,虽然他并不同意书中的观点,却还是要以它为教科书给学生上课。对布伦斯维克来说,他所处的世界是孤独而压抑的世界。但这才是真正的知识分子该有的精神——敢于独立思考,提出自己的观点,无怨无悔地承担所有的后果,保持对自我求知欲的忠诚。

3.5.2 赫伯特·西蒙

赫伯特·西蒙(1916—2001),我在前文中也提到过他。他跟布伦斯维克是差不多同时代的人,两人几乎同时开始写论文,且都曾在美国加州大学伯克利分校工作。可是后来布伦斯维克默默无闻,西蒙则声名鹊起,令人不禁感叹,果然必须跟上大的形势才能取得成功。当时整个学术界

---

① 费希尔是现代统计学的奠基人之一,是英国统计学家、生物进化学家、数学家、遗传学家,他与卡尔·皮尔逊(Karl Pearson)纠缠了一辈子。现在统计学课本里的费希尔检验和皮尔逊相关系数,就是分别以这两位大师的名字命名的。

都迷上了计算机,西蒙就在计算机领域做文章,证明了人的认知过程与计算机的信息处理过程是相近的①,而这是当时主流学者最偏爱的结论之一。后来他获得了 1978 年的诺贝尔经济学奖,表面上是因为他在经济领域的贡献,实际上,他是一个地地道道的认知心理学家,专攻决策研究,并在卡耐基梅隆大学(Carnegie Mellon University,CMU)开创了两个系——心理系和计算机系。

20 世纪 40 年代,西蒙详尽而深刻地指出了新古典经济学理论的失实之处。以"经济学之父"亚当·斯密(Adam Smith)及大卫·李嘉图(David Ricardo)为代表的一批学者,创立了最早的**古典经济学**(classical economics),著名的"看不见的手"便是其核心理论之一。后来经济学不断变革,出现了以"战后繁荣之父"约翰·梅纳德·凯恩斯(John Maynard Keynes)为代表的**新古典经济学**(neoclassical economics),形成了微观经济学和宏观经济学理论。

在西蒙看来,新古典经济学一是假定目前状况与未来变化具有必然的一致性,二是假定全部可选的备选方案和策略的可能结果都是已知的——事实上这两点都是无法实现的。西蒙的分析结论使整个新古典经济学理论和管理学理论失去了存在的基础。传统经济理论假定,被研究的人都属于**"经济人"**(homo economicus/economic man/rational economic man),而且具备**"理性人"**的**理性利己主义**(rational egoism)特征:他们具备所处环境的知识,即使不是绝对完备,至少也是相当丰富和透彻的;他们具有稳定的偏好体系,并拥有超强的计算能力。因此,"理性人"可以在他们的备选行动方案中,计算出到底哪个可以达到理论上的最高点。

而西蒙当时已经发现,人的思维是缺乏连贯性的,就此提出了**满意**

---

① Simon H A. Models of thought: volume I[M]. New Haven: Yale University Press, 1979.

(满足)(satisficing)①的观点,这是非常了不起的。当时的学者都认为,人做决定就跟机器一样(机械主义思潮仍在),肯定也会选择最佳的。作为一个围棋高手,西蒙能理解围棋玩家在落子时的思维方式:我要是落在 A 点,对手要压制我,肯定会落在 B 点,然后我要反压制,可以落在 C 点上……其实外行都以为,一个普通棋手可以提前谋划好几步棋,而一个顶级高手可以提前谋划十几步甚至几十步。然而,人的理性思维能力(精力)是有限的,不可能真的谋划到最后一步,得出最佳的判断。更常见的情况是,人在自己理性思维的能力所及之内,选择当下最让自己满意的做法,即做不到获利**最大化**(maximizing),但能做到最令自己**满意**,这就是与**最大化原则**(或称**最优化原则**)有所不同的**满意性原则**。

人现有的理性思维能力(我们在生活中常说的精力、专注力、注意力等),就如同"打怪游戏"里的**魔法瓶**。现在假设,有一个短视、过度感性、常被朋友们认定"脑子不够用"的游戏玩家,名字叫作阿凯,他有 3 个魔法瓶。另一个玩家是理性、处事冷静、常被朋友们认定"眼光很长远"的人,名字叫作阿辉,他有 10 个魔法瓶。阿凯和阿辉一起出门旅游。阿辉可以从住宿、交通、饮食,到各个景点的游玩次序等诸多方面事无巨细地进行考虑;而阿凯常常只在意一件事,即明天是否有地方住。至于住在哪里、住处与下一个景点之间的距离远不远、旅店周边交通情况好不好,阿凯对这些问题常常很难考虑周全。这就是为什么朋友们会常说阿凯"脑子不够用"。

在这种情况下,他们是否都在理性地分析问题?是的。谁能计划出最佳方案?显然是阿辉而不是阿凯。阿凯确实是理性的,在阿辉没有给出意见的情况下,阿凯的方案虽然不是最优方案,但已然是(在阿凯理性

---

① Simon H A. A behavioral model of rational choice[J]. Quarterly Journal of Economics, 1955,69:99-118.

所及范围内)令阿凯感到最为满意的方案了。为什么阿凯没有实现收益最大化？因为他只有 3 瓶魔法，全都用上了，也只能"提前想到一步棋"罢了，而阿辉有 10 瓶魔法，所以他比阿凯"提前想到的步数更多"。魔法用光了，阿凯的理性思维就不得不停止，此刻所得的方案，就是阿凯所能得到的最好方案，或者说，走到这一步，阿凯已经足够满意了，他也不愿意再追加购买魔法瓶来获取更好的方案，所以这个方案**不是最优的，只是令他满意的**。当然，如果此时女朋友质问我"为什么不追加购买"，这就涉及另一个问题了：一个人是如何储备、分配、装备魔法瓶的？她若是看我刚刚把 7 瓶魔法用在了玩游戏上，一定会生气的——因为我在与旅游筹划无关的事务上"浪费"了过多的魔法。

假设阿凯和阿辉在与朋友们一起玩猜数字游戏。我是出题人，给大家一个数字范围——从 0 到 100，请每个人都写下一个整数，然后我会计算一下大家所写整数的平均数。如果某人给出的整数，最接近所有人给出数字的平均数的三分之二，他就是获胜者。请问想要获胜的阿凯和阿辉分别会给出多大的整数？

我们先按照最大化的理性原则分析一下。假设每思考一步会消耗掉 1 瓶魔法。如果所有人都没弄清状况，都属于陪玩型的业余玩家，那他们应该在 100 以内随机给出某个整数，其平均数应该近似于 50，因此，想要获胜就必须给出 33(50 的三分之二)这个数才能赢。好的，假设阿凯想到了这一步，用掉了 3 瓶魔法中的 1 瓶。接下来，阿凯会想，既然大多数人都不是傻子，肯定都能想到平均数可能会是 50，为了赢得比赛，他们自然都会给出 33，所以，如果大家都写 33，平均数也就成了 33，要获胜的话，我自己就要写 22(33 的三分之二)。于是，阿凯想到了第二步，用掉了第 2 瓶魔法。到了第三步，按照同样的逻辑，当他算到此时获胜的数字是 15 的时候(22 的三分之二为 14.67，约为 15)，阿凯已经用掉所有的魔法瓶，他的脑子也无法继续理性思考了，于是阿凯最终写下了 15 这个数。而阿辉呢？他可是拥有 10 瓶魔法的人。再往下算 7 步，这个整数就几乎接近于 0 了！这才是最"理性"的答案。况且，如果所有人都像阿辉一样理性且有充足的魔法储备，精力旺盛，脑子也够用，大家最后都应该给出数字 0 才对。虽然最后很难产生某个特定的获胜者，但是所有人都给出了最优、最理性、最大化的选择。

请读者猜猜看，在类似的实验中，到底谁更有可能会在这个游戏中获胜？是阿凯，而不是阿辉。因为大多数人只有 3 瓶魔法。可能他们有别的事情，不愿意拿出太多精力来计算和思考这个问题，而是留了几瓶魔法给别的任务，比如很多朋友会分心，考虑晚饭可以吃点什么；可能他们的装备中就只有 3 个卡槽可以用来装魔法瓶，这就是人们常说的"大脑容量有限"；还可能他们今天已经很累了，已经把许多魔法用在了之前的工作和学习中，到了游戏开始的时刻，只剩下 3 瓶魔法来应付这个任务。

以上这个游戏，来自经济学和心理学家乔治·克里切利（Giorgio Coricelli）设计的一个实验。数学家们则会把终极答案 0 称之为纳什均衡。能算出 0 的人，智商应该是很高的，但是乔治·克里切利认为，还有另一种智商叫作策略智商，即，要看你能在多大程度上考虑其他人的策略，而不是自己跟自己玩。也就是说，当真用掉 10 瓶魔法、给出接近数字 0 的答案的人，智商应该不错（至少数学能力不错），但是策略智商还是堪忧，毕竟这种人丝毫没有考虑过其他玩家的心思，即没有试着去猜一下其他人有几瓶魔法或者愿意用掉几瓶魔法。

造成人们无法实现最优的原因有很多，但是人们最终给出的，都是他们最满意的数字。西蒙不是要宣称理性的人不好，而是始终坚持这个观点：人的理性是有限的。他于 1978 年获得了第十届诺贝尔经济学奖，实至名归。

西蒙在提出**有限理性**理论时，用一把剪刀做了形象的比喻：剪刀的其中一个刀片是人的"认知局限性"，另一个刀片是"环境的结构"。什么是认知局限性呢？比如，人用眼睛感受光的存在，对人类来说，只有波长在380～760 纳米的光线才能被看到①。这就是局限性所在。世界对我们来说，就是在黑白之间存在着的红橙黄绿蓝靛紫等颜色而已，无论色彩学家再怎么细分，我们也无法像蜜蜂那样看到紫外线。因此，我们的认知，或者说，任何一种生物的认知，都存在固有的、与生俱来的局限性。人的大脑，只可以利用有限的时间、精力、知识等各类资源，而人却可以利用环境的结构，最终取得成功。也就是说，人的大脑必须适应环境，将其选择机制简化到一定的程度。在这个过程中，关于如何进行理性判断和决策的相关知识，是可以在后天进行强化学习的。我们不能只研究其中一个刀片。我们要让两个刀片联动，才能裁剪出想要的形状。

有限的理性，是人类如此害怕不确定性的根源之所在。我们无法像机器人一样推导出所有的可能性，因此，计算机在众多领域战胜人类将是必然的，计算器胜过珠算、珠算胜过心算也是必然的。既然人工智能可以突破人类认知的界线，未来的机器人自然应该看到人类看不到的光线、听到人类听不到的声音、闻到人类闻不到的味道，并在获取更多外界信息的情况下，大大减少外界环境的不确定性，从而具备更高的通信能力。

我们费尽心力地培养孩子们的创造力，其实就是为了让他们能拥有更多的可能，希望下一代人在遇到我们眼中的不确定性时，能泰然处之。与此同时，我们又在不断地要求孩子们守规矩、尊重这个社会已有的连贯性。一个追求连贯性的人必然是排斥非连贯性因素出现的人，因为这些因素一旦出现，他就要整体调整已有的连贯性规则，让新的因素融入整体连贯性之中。这是非常辛苦的过程，需要大量的理性分析。讽刺的是，父母努力让孩子融入传统教育之中的动机之一，就是希望他们将来能在这个社会上活得不那么辛苦。

---

① Carlson N R. Foundations of behavioral neuroscience，9E[M]. London：Pearson Education，2014.

3.5.3 丹尼尔·卡尼曼

丹尼尔·卡尼曼(Daniel Kahneman)，出生于 1934 年，是判断与决策心理学领域最炙手可热的学术明星之一。他出生于以色列的特拉维夫，在法国巴黎长大，毕业于著名的"中东哈佛"希伯来大学(The Hebrew University of Jerusalem)。他在以色列国防部任职过一段时间，后来去美国加州大学伯克利分校拿到了心理学博士学位。与同校的前辈布伦斯维克、西蒙一样，他学术兴趣异常广泛，曾在认知心理学、判断与决策学、享乐心理学等多个领域做出成绩。

他的成就是与另一位著名的认知和数学心理学家阿莫斯·特沃斯基(Amos Tversky，1937—1996)分不开的。两人同在以色列的时候就感情深厚，一起交流、做实验、发表论文、写论著。后来卡尼曼去了哥伦比亚大学，特沃斯基去了斯坦福大学，但两人仍然每天通电话。因为交流密切，有时候一篇文章写出来，根本分不清谁的贡献更大，于是两人就抛硬币决定第一作者的归属。两人合作的领域，前期主要是预测和概率判断相关的心理学研究，后期则是大名鼎鼎的**前景理论**(prospect theory)。因为这两位大师的名字一起出现的频率太高，我在本书中用"特&卡"来表示。

特&卡应该是受到了西蒙的启发，终生都在与"非理性人"作斗争。卡尼曼最重要的成果是不确定情形下人类决策的研究。他证明了，人类的决策行为系统性地偏离标准经济理论所预测的结果，也就是说，他用实验反复重现了一类事：人都是不够理性的，传统经济学的"理性人"假设不成立。特&卡同在斯坦福大学期间，与理查德·泰勒[①](Richard Thaler)一起，成功地把心理学应用于经济学研究，最终，卡尼曼开创了**行为经济**

---

① 泰勒的研究应用性更强一些，有兴趣的读者可参考 Nudge: improving decisions about health, wealth and happiness, penguin, 2009. 以及 Misbehaving: the making of behavioral economics, W. W. Norton & Company, 2015. 泰勒于 2017 年获得了诺贝尔经济学奖。

学(behavioral economics),这些研究也促成了他于 2002 年获得诺贝尔经济学奖。经济学家长久以来做出的各种基本假设,就是**行为经济学**力图要推倒重建的内容。卡尼曼认为,传统经济学对人类行为的描述是不正确的,因为他们没有考虑到,人在理性、自我控制和自利方面的能力是有限的[①]。

首先,行为经济学与传统经济学不同,行为经济学认为典型的"理性人"是不存在的,并研究证实了**有限理性**的存在;其次,行为经济学研究发现,经济主体在决策时往往不符合自己的长期利益,比如,理性人是不应该明知道抽烟有害而故意抽烟的,可当今世界上到处都是明知故犯的吸烟者;最后,行为经济学的实验结果表明,人不是绝对自私自利的,而是常常会考虑到社会因素——你公平对待我,我就会公平对待你,即使我会赔钱、浪费时间、冒着风险,我还是会善待他人,或者说,虽然我内心未必是高尚的,但至少我愿意在赔钱的情况下让自己看起来高尚一点。

特沃斯基去世几年之后,2012 年,卡尼曼的现象级畅销书《思考,快与慢》[②]横空出世,介绍了风靡全球的**双历程理论**(dual process theory)。很多著名的学者都推崇这一理论,认为思维过程有两种类型,而在特&卡的理论中,它们分别被称为**系统 1** 和**系统 2**(system 1 & system 2)。

系统 1 对应着快思考,比如思考"1+1=?"这类问题;**系统 2** 对应着慢思考,比如思考"$4.227+1.053^4=?$"这类问题。卡尼曼认为,大脑中出现的自觉性判断,其实是直觉思维机制在起作用。尤其是在碰到"选女友""买股票"等问题时,人们往往会依靠直觉,也就是所谓的**系统 1**——在日常生活中运行时无意识、快速、不费力、自主控制且无法关闭。而当人

---

① 2010 年诺贝尔经济学奖得主彼得·戴蒙德(Peter Diamond)曾与他人一起出版了《行为经济学及其应用》这本书,书中总结了行为经济学区别于传统经济模型的三个基本特点。

② 丹尼尔·卡尼曼.思考,快与慢[M].胡晓姣,译.北京:中信出版社,2012.该书曾是当年《纽约时报》和《经济学人》的年度十佳图书,不但在大众图书领域风靡全球,而且在专业学术领域被引用了数千次。

的判断遇到阻碍时,会自然而然交给能够理性处理复杂问题的**系统 2**——有意识、迟缓、费力、需要刻意激活。

系统 1 负责针对特定域,运行特定内容的启发式,速度快、自动化,可以实施平行处理。这个过程几乎是躲在人的意识背后进行的,人几乎无法用其他更高级的认知过程影响它。比如,即使是一个陌生号码拨过来,我一听声音就知道是我父亲打过来的电话,可是如果你让我解释一下原因,我只能用一种非常模糊的概念,回答说,父亲的声音对我来说比较"特别"。但是,当把他说话的声音混在其他人的声音里,让除了我之外的其他人去分辨时,那些不认识他的人一般都会觉得他的声音其实没有什么特别之处。再如,留学生可能特别有体会,去英语国家念书的学生,会对英文报刊里关于中国的信息非常敏感。比如,在美国上大学的人,他们能够在整整一大版报纸的内容中,迅速发现带有 China 或 Chinese 的标题或段落。当然,想把留学生们对"中国"相关词汇的敏感性瞬间变成对"玻璃杯"相关词汇的敏感性,肯定也是非常困难的。

系统 2 则是努力按照规范性法则①来运行的。虽然**系统 2** 运行速度慢、对精力和时间的耗损大,而且必须按照一定的次序向前推进,但这是对**系统 1** 的一种非常必要的补充。规范性法则有时能帮助我们解释**系统 2** 的运行方式,而且**系统 2** 的结果有时会推翻**系统 1**——如果此时我们认为"理性一点会更好"的话。毕竟,有时在特定条件下,**系统 1** 的**生态有效性**会降低,那么**系统 2** 就要负起责任来,努力探索新的解决方案。**系统 1** 和**系统 2** 都是自然选择的进化结果。

特&卡通过实验发现了很多名叫**启发式**(heuristics)的东西。启发式这个术语,对很多读者来说比较陌生,并不容易理解,但它有很多同义词:经验法则(rule of thumb)、有根据的推测(educated guess)、直觉性的判断

---

① 关于规范性法则或规范性模型,有兴趣的读者可以参考:Rapoport A. Decision theory and decision behaviour: normative and descriptive approaches[M]. New York: Springer, 1989.

(intuitive judgment)、刻板印象、常识。**启发式**本来所指的就是"不求最优、只求当下最满意"的做法,其本质是人在努力程度(人想要在做事时尽可能少费劲)和精确度(人想要尽可能把事做对)之间进行权衡,即不求什么都做对,结果差不多就可以。当然,如果人们凡事都不愿意启动**系统 2**去费力思考,就会变得越来越懒,动辄诉诸启发式。正如前文所述,之所以很难将留学生们对"中国"的敏感性移植到"玻璃杯"上,是因为**系统 1**的启发式是针对特定内容的。可即使这种特定性限制了启发式的应用范围,启发式仍是一种快速而省力的方式。

对于卡尼曼目前在普林斯顿进行的心理学研究①,我还是不予置评了,毕竟,面对没有经过长久检验的理念,写书的人要谨慎些。

3.5.4 格尔德·吉仁泽

格尔德·吉仁泽(Gerd Gigerenzer),出生于 1947 年,这位著名的学者②明显带有欧洲大陆学者的风格,受到过维也纳学派的影响。他坚定地推广了西蒙的研究,把布伦斯维克的**生态方法**和西蒙的**有限理性**融入人类判断之中,称之为**生态理性**(ecological rationality)。前文讲到,"理性的失败"符合当今社会的大潮流,而**生态理性**的目的就是挽狂澜于既倒。别再说理性失败了,你们这些所谓的大学者给出的理性定义,根本不符合人类判断的真实情况! 你们(尤其针对特&卡)凭什么认为在猜数字游戏中给出数字 0 就是最优的? 凭什么凡事 100% 符合所谓的逻辑才算是最"理性"的? 吉仁泽认为,**启发式**在**生态理性**上是成功的,也就是说,人类适应了环境中的信息结构,能利用启发式进行判断和决策,就属于理性的

---

① 卡尼曼关于享乐和幸福的研究及看法,详见: Kahneman D, Diener E, Schwarz N. Wellbeing: foundations of hedonic psychology [M]. Russell Sage Foundation, 2003. 以及 Paul D. Happiness by design: change what you do, not how you think[M]. Thorndike Press, 2015.

② 吉仁泽是德国马克斯·普朗克人类发展研究所(Max Planck Institute for Human Development)的学者,是该所的著名教授之一,担任适应性行为与认知中心(Center for Adaptive Behavior and Cognition, ABC)的主任。

做法。

　　吉仁泽的学术思想发展历程非常有趣。首先,他认为科学工具本身就是有偏向性的,人们喜欢借用工具的比喻来重塑思维①。举例来说,在启蒙运动时期②,大学者们曾认为思想是微积分,道德可以做加减乘除,心算能力强的人才是大思想家;可到了 19 世纪末,计算部门成了"无知妇女"的劳动部门③,计算变成了冗繁无趣的工作。又比如,在刚发明座机电话的年代,人们会认为自己的脑子是一部电话总机;后来有了计算机,人家就会把人脑想象成电脑主板。学术界的人也是如此,在统计推断(statistical inference)变成规范性分析方法之前,学者们根本不理解**布式研究者**关于"人是直觉统计学家"的比喻,这也说明了为什么布伦斯维克很久之后才被学术界理解。简单说来,有了新工具(计算机、统计方法),学者们才在脑海中有了新的认知理论,并且随着新工具的普及而更加能接受新理论。所以,科学家们真的是按照论文的形式,先阅读文献或观察生活,然后提出假设,再用实验证实的吗? 其实未必! 科学家们的发现,并不是理性过程的产物,因为单纯使用归纳法是不能获得新东西的④。

　　接下来,吉仁泽认为,不符合贝叶斯推断(Bayesian inference)⑤的人类行为,是不该被矫正或嘲笑的。贝叶斯推断,源于 18 世纪著名的托马斯·贝叶斯(Thomas Bayes),是一种应用于不确定条件下决策的统计方

---

　　① Gigernzer G. From tools to theories: a heuristic of discovery in cognitive psychology[J]. Psychological Review, 1991, 98: 254 - 267.

　　② 启蒙运动一般指的是发生于 17 到 18 世纪的思想解放运动,明显受到了 17 世纪理性时代的影响,与其一脉相承。启蒙运动的核心思想是"理性崇拜",冲击了几乎所有知识领域,而且促进了后来的美国独立和法国大革命,在这运动中,政治上兴起了资本主义和社会主义,音乐上兴起了巴洛克风格,教育上兴起了启蒙主义。

　　③ 二战期间,计算器仍是机械型的,每次有大型计算项目,都需要几十甚至上百位女性计算员(women computer)加班加点地进行计算。美国宾夕法尼亚大学就曾在此期间雇佣大量的女性职员,甚至教授们的妻子,对炮弹的空中行进路径进行计算。我国在原子弹研制过程中也大量使用女性计算工作者,她们曾使用算盘完成了对核爆中心压力数据的烦琐计算工作。

　　④ 感谢卡尔·波普尔(Karl Popper)!

　　⑤ 有兴趣的读者可以参考这本介绍贝叶斯定理的书: Stone J V. Bayes' rule: a tutorial introduction to Bayesian analysis[M]. Bergamo: Sebtel Press, 2013.

法,即利用先验信息和样本信息来得到统计结论。前文提到的特&卡这一派的专家,就是被吉仁泽定义为以贝叶斯推断为标准来评价人的判断与决策的学者。也就是说,吉仁泽很反感特&卡一派的学者天天说人们不理性,他也不提倡那种提醒人们"要成功就必须要理解概率"的做法。毕竟数学上关于**概率**(probability)①的相关定义,是 17 世纪才出现的;到了 19 世纪,百分比(%)才成为学者们普遍能理解的东西,而他们之所以能理解,还要归功于法国大革命期间的公制计量系统逐渐被各国接受②;到 20 世纪后半叶,概率和百分比才变成了老百姓日常用语中的词汇。人类的大脑并不是天生就擅长进行贝叶斯推断的,而且在人们长久以来生存的环境中,更重要的是自然频数③而非概率。所以,吉仁泽认为,除非从小就一直练习使用贝叶斯推断,大多数人进行判断或决策的过程是很难符合特&卡一派人的规范和标准的。

然后,吉仁泽借鉴了**布式研究者**的观点,在**生态理性**的基础上提出了**概率心理模型理论**(probabilistic mental models theory,PMM theory)——利用有限知识做出快速推断的归纳策略。归纳策略自然是与演绎策略相对应的,前者依据的是不确定性指标,以此对现实世界的未知特征做出明智的推测。由此出发,吉仁泽发现了与西蒙的满意性原则相似的"采纳最佳启发式"。西蒙的满意性原则是在找到第一个满足抱负水平的选项后停止搜索,而吉仁泽的"采纳最佳启发式"是在找到第一条有区别力的线索后停止搜索,即所谓的**快速节俭启发式**(fast and frugal heuristics)④。

① 概率是对事件发生可能性的度量,一般用 0 到 1 之间的一个实数表示。比如,今天下雨的概率是 30%。

② 关于英美还在坚持的自家计量系统,我真的只能表示遗憾。全世界都在用米、千克、摄氏度这些计量方式,只有这几个国家还每天换算着英尺、磅、华氏度。

③ 频数(frequency)听起来很复杂,其实就是老百姓所说的"次数"。比如,今天我从小超市挑了 10 个苹果,回家切开后发现有 3 个苹果内部已经腐烂了,那么今天烂苹果的频数就是 3,频率(relative frequency)就是 3/10。

④ Gigerenzer G,Goldstein D G. Reasoning the fast and frugal way:models for bounded rationality[J]. Psychological Review,1996,103:650-659.

这就等于向以特&卡为代表的学派宣战了：你们所谓的那些符合标准和规范的理性策略，未必是最好的策略，而我们的推断模型也未必会因为追求简单快捷而丧失准确性。人类的大脑很可能真的是一部"能做到首尾兼顾的高级计算机"。

有了**生态理性**，就需要有**社会理性**。也就是说，把人的社会看成生态的一种特殊环境。吉仁泽认为，那些非理性的行为其实是非常适应特定的社会环境的。虽然隔壁的阿婆在做数学题时容易犯错，但在菜市场里，她还是比你们这些概率论专家和心理学家们买到了更多、更经济实惠的物品！规范性模型不应该成为衡量理性的通用准绳，放之四海而皆准的理性推断本身就是不合理的。那些要追求一致性、最大化的人，恰恰是没有考虑到选择行为的社会场合（目标、动机、价值观等），就强行把规范性模型置于优先甚至是最高的位置，这是一种常常用马后炮式的计算来挽救和保护自己的方式。

吉仁泽不但遵循了**布式研究者**的路子，而且沿着西蒙的思路进行了拓展，想来肯定是个非常严谨而又不失知识分子气节的学者。令我印象深刻的，是他多次在论文中指出判断与决策学研究领域中存在的问题，丝毫不对主流思潮（卡尼曼获诺奖前后的几年中，特&卡一派的学者显然主导着此领域的研究）趋炎附势，并且反复用逻辑和理性敲打盲目附和的专家和学生。值得一提的是，尽管特&卡一派的思想在当今社会更多地被当作主流思想对待（《思考，快与慢》等畅销书就是明证），吉仁泽对特&卡研究中存在的问题看得清清楚楚，在无情揭露的同时还保持着"就是不去分一杯羹"的骨气，殊为不易。

3.5.5 其他重要人物

1）斯坦尼斯拉斯·德阿纳
判断与决策学和**神经学**（neurology）或称**神经心理学**（neuropsychology）

的学者之间的关系，一直比较微妙，其实两家研究的内容重合之处甚多，但是又常常分头走路。在传统的认知观念里，神经学家更喜欢研究的是神经系统的解剖结构出现损伤后的病理问题，判断与决策学的学者更喜欢研究大脑及行为之间的关系。后来出现了大脑图像（brain imaging）技术，于是两个领域的专家也都开始热衷于使用功能性磁共振成像（functional magnetic resonance imaging，fMRI）[①]之类的方法研究大脑各部分的认知活动过程。技术上的这种进步，后来就直接催生出了**神经科学**（neuroscience），也就是说，现在大家都在研究**大脑的结构、功能与人类的判断与决策学之间的关系**。

前面讲到，**连贯能力**是相对较晚的时间才出现的，人类的祖先都是依靠**通信能力**求得生存。人类创建几何学也就是几千年之前的事情，微积分也才刚刚诞生几百年，而依靠**多重可疑指示物**的信息来应对豺狼虎豹，已然是持续了几百万年的工作了。近些年人类才基本解决了豺狼虎豹的困扰，因为城市化的进程加快，大部分豺狼虎豹都被送到动物园里去了。

斯坦尼斯拉斯·德阿纳（Stanislas Dehaene）[②]，出生于 1965 年，是法国著名的认知神经科学家，法国科学院院士。他曾研究过一位"近似人"，得到了令人惊奇的发现。这位病人脑部受伤，左脑功能大部分已经丧失。研究人员问他"2＋2 等于多少"，他的回答是"3"。好奇怪！虽然他的算术能力已经丧失（计算能力基本对应左脑区域），但是他给出了一个近似正确答案的数字。后来再问得多了，发现病人对所有的算术题都给出了近似的答案。这说明什么？说明虽然他的分析能力（精确计算的能力）丧失了，但是他凭直觉估计的能力还在，他还能依靠右脑的直觉来进行判断。他在这个方面就相当于人类的祖先，因为还不具备强大的连贯能力，所以

---

① 功能性磁共振成像，一种神经影像学方式，在脑部功能定位领域属于常用的实验研究方法，主要用于人及动物的脑或脊髓成像。
② 德阿纳最著名的研究集中在数字认知（numerical cognition）领域。

只能靠直觉去估计；不懂复杂的计算，但至少会给出一种八九不离十的答案。

德阿纳在书中说道：我们的大脑不是充满逻辑的机器，而是一种具备模拟能力的设备①。理性，由分析性的认知过程定义的理性，根本就不是人脑本质上的功能。理性一定是人在后天教授中学会的，而不是与生俱来的。虽然神经心理学家的主业未必是直接为判断与决策学贡献出合理的解释，但是这些学者们能够提供更多的基础研究成果，让判断与决策学避开纯粹理性分析的死胡同。

2) 巴鲁赫·菲施霍夫

巴鲁赫·菲施霍夫（Baruch Fischhoff）是在以色列的基布兹（Kibbutz）长大的。基布兹是以色列的一种集体社区，属于现代乌托邦的一种尝试，这个词本身就是希伯来语中"团体"的意思。20世纪初开始兴建，最多时全国有超过260个基布兹，社区里的人没有私产，没有工资，衣食住行、教育、医疗一律免费，自愿加入，自愿退出。

大家都知道以色列人重视教育，但他的父亲只不过是当地第一个上过高中的人，所以他的学术之路颇为不易。1975年他从希伯来大学博士毕业，当时师从特沃斯基，正值特沃斯基开始与卡尼曼合作。当时的希伯来大学大师云集，哲学家、统计学家、历史学家、工程学家交往频繁，颇有些民国时期中国各领域大师们在每个人家里轮流聚会的味道，这无疑对各个学科之间的交流大有裨益。卡尼曼开设了"心理学的应用"这一课程，让菲施霍夫认识到，心理学的有效性全然依靠其实用性，且没有任何一种单一的理论能解决重大问题，要解决问题，既要有分析，又要有实证。

在决策研究早期，由于战争问题（比如二战），大师们常常能遇到大的挑战，经济、心理、统计、哲学领域的专家，面临的学科分类还没有如今这

---

① Dehaene S. The number sense: how the mind creates mathematics[M]. Oxford: Oxford University Press, 1997.

样细致,只要某个领域还未曾有人涉及,学者们就愿意去当第一个吃螃蟹的人,然后慢慢成为该领域的开山鼻祖。当时科学群体的成员们,总体水平也比较低,所以学生们多是凭着一时的兴趣来选择专业。既然同时对分析和实证感兴趣,菲施霍夫就在美国俄勒冈州的尤金先后师承罗宾·道斯(Robyn Dawes)①、利塔·卢比(Lita Rurby)、萨拉·利希滕斯坦(Sarah Lichtenstein)和著名的保罗·斯洛维奇(Paul Slovic)。后来他在卡耐基梅隆大学安定下来;据菲施霍夫自己说,选择这所大学的原因,就是当时这所大学允许教职员工们自由选择喜欢做的事情——只要有足够的听众和学生,开设什么课程都可以。

1954 年,沃德·爱德华兹(Ward Edwards)②首先提出了**行为决策研究**(behavioral decision research),菲施霍夫对此产生兴趣,随后便在**风险感知**(risk perception)领域成为大师。1980 年**判断与决策学会**(Society for Judgment and Decision Making,SJDM)成立,作为一个跨学科学术机构,学会成员有来自世界各地的心理学家、经济学家、组织和市场营销研究人员、决策分析学家,菲施霍夫曾任该学会主席。

---

① 罗宾·道斯(1936—2010),美国心理学家,主要研究领域是人类的判断,包括人的非理性、直觉型专家、人类合作等。他首次提出了单位加权回归(unit-weighted regression)。
② 沃德·爱德华兹(1927—2005),美国心理学家,主要研究领域集中在决策理论方面。1962年,他组织了贝叶斯研究会议,始终致力于将贝叶斯统计方法纳入决策理论中来。

为什么规范性模型是合理而值得重视的？此中的原因，听起来似乎稍显霸道：因为人类为自己强加了一种分析框架。

　　人类非要"规定"1＋1＝2，有什么道理吗？好像没有人能说清楚为什么非要这样规定。1＋1一定等于2吗？一滴油＋一滴油，结果还是一滴油。一个男人＋一个女人，结果可能是三口或四口之家。一根火柴＋一盘烟花，结果出现了满天光影，然后什么都没有了。河马不明白5＋4＝9，鲶鱼不明白9－5＝4，因为它们从一开始就没给自己强加一个1＋1＝2的框架，也没有给自己强加一个"连续让9个1相加就等于9"的逻辑。

第 4 章
判断与决策的方法论

4.1　工　具　理　性

4.1.1　规范性理论 vs. 描述性理论

有了前面的铺垫,到了这里终于可以正式介绍一下判断与决策学(JDM)这门学科了。本书前面的内容侧重于讲述**判断**(judgment)部分,它涉及大量的人类认知过程;而**决策**(decision making)过程,通常在一个人足够理性的情况下,遵循以下的步骤:

(1) 全面地定义问题;

(2) 明确所有的标准;

(3) 根据偏好,准确地为所有标准赋予权重;

(4) 明确所有相关选项,基于每一个标准,准确评价每一个选项;

(5) 准确地计算和选择"感知价值最高"的选项。

认知的对象,是人的知觉,人类的认知是通过眼去看、通过耳去听、通过口去尝、通过鼻去闻、通过皮肤去触摸而获得视觉、听觉、味觉、嗅觉、触觉等各种感觉的过程。知觉在本质上是具有选择性的。比如,读者可以问自己以下几个问题：

我读这本书是受某个人驱使的吗？当我要翻过某页，想略过某个章节，想迅速读完，想马上翻阅目录，以及想知道还剩下多少未读时，我为什么会做如此判断，为什么会做如此选择？我给出这种判断的理由是什么？甚至，有理由吗？如果说不出什么理由，那我自己能够接受"自己做某件事时竟然没有理由"这样的现实吗？

实际上，即便是判断"现在自己渴不渴""需不需要喝水"这类简单的问题，我们也在很大程度上依赖着自己的认知（cognition）。

相比之下，对于决策过程，读者的感受通常就不会那般模糊了。决策的主要特点，就是"要有选项"，人需要对各选项进行比较和挑选。进行决策研究的学者们，一直在努力回答以下三类问题：

（1）**规范性问题**（normative question），即如何做出"最优决策"。

（2）**描述性问题**（descriptive question），即"实际上"人们是如何进行决策的。

（3）**指示性问题**（prescriptive question），即如何"改进"人们的决策。

为解决规范性问题而建立的决策的**规范性模型**（normative model），其相关研究常被称为**决策理论**（decision theory）研究。这里所说的决策理论，是一种所谓"正统的""规范的""逻辑自洽"的公理体系。前文已经提醒过读者，由于不确定性的存在，凡是完美的，都是不可能完全符合事实的。因此，规范性本身既是规范性模型的精华所在，也是它的问题所在。

在详细介绍规范性模型之前，我想在此帮助读者理清几个容易混淆的概念。国内学者们苦于难以找到英文术语所对应的中文翻译，所以常把多个原本不同的专用名词翻译成同一个中文词。比如接下来我必须用到的"实证"一词。

在思想史上，欧洲大陆的理性主义和英国的经验主义长期对峙，产生了所谓笛卡尔的方式与培根①的方式之间的对立。前者从抽象前提出发，通过逻辑演绎推导出结论，这种分析方法被称为**理论分析**（theoretical analysis）；后者从经验现实出发，通过归纳来获取知识，这种分析方法被称为**经验分析**（empirical analysis）。

与此同时，欧洲还长期存在用实证主义对抗感性认识的传统，认为人的主观感受和感官体验都是不够科学的。实证主义者认为，一致的逻辑关系才是更重要的，任何学科都有自己的规范（norms），凡是与伦理学或社会学等相关学科中所谓的价值判断纠缠不清的东西，都会损坏真正意义上的科学性。实证主义者重视客观实在，力求回答"是什么"（what is）的问题，而不是去回答"应该是什么"（what ought to be）的问题。那些与价值判断相关的问题，就是哲学家们常说的"元问题"。

19 世纪 30 年代，奥古斯特·孔德出版了《实证哲学教程》，标志着实证主义的形成；19 世纪 60 年代，约翰·斯图尔特·米尔将孔德的各项原则引入经济学中；1891 年，约翰·内维尔·凯恩斯（John Neville Keynes）按照"是否以价值判断为标志"将经济学划分为实证经济学（Positive Economics）和规范经济学（Normative Economics）；1904 年，约翰·梅纳德·凯恩斯（John Maynard Keynes）指出，实证经济学是独立于任何特别伦理观念或规范判断的；20 世纪 60 年代，芝加哥经济学派的代表人物米尔顿·弗里德曼（Milton Friedman）先后出版了实证经济学的一系列重要著作，更是加强了实证经济学的主流地位。

实证经济学和规范经济学使用的方法也有所区别。实证分析（positive analysis）是要去描述事实，把经济学当成客观的自然科学，将学

---

① 弗朗西斯·培根（Francis Bacon）是英国文艺复兴时期重要的哲学家和散文家，是近代归纳法的创始人，为实验科学奠定了基础，同时也是英国重要的唯物主义学者。他 23 岁就当选国会议员，力主英格兰与苏格兰的合并，曾做过首席检察官和掌玺大臣，后来因为被指控贪污受贿而远离政坛，专心于各类理论研究。他于 1960 年出版的《新工具》是归纳法研究、唯物主义理论、逻辑学等领域重要著作，也是奠定他在经验主义上关键地位的学术成就。

者自身当成自然的旁观者，不带任何感情色彩地去描述经济问题，解释经济现象。相比之下，规范分析（normative analysis）则是要进行价值判断，事先要树立一个标准，就算标准可能不够客观，但未来本就未曾到来，一切皆未成为事实，若不分析人心，就无从预知未来。

从思想史来说，实证分析和规范分析的区分，至少可以追溯到大卫·休谟对事实和价值的区分。因此，许多国内的学者将经验分析中的"经验"也译为了"实证"，这就容易让人们将其与实证分析（positive analysis）中的"实证"相混淆。实际上，理论分析和经验分析都是在描述事实，都可以属于实证分析，区别仅在于理论分析描述的是因素之间的关系，而经验分析则要通过观察来确认这些关系是否存在。与实证分析对立的规范分析，则要事先给一个衡量的标准：如果一个人要评价某件事的对错，至少应该先说清楚到底什么是"对的"，什么是"错的"。

亚当·斯密（Adam Smith）最早提出了"理性人"（rational man）的假设，即假设在经济活动中的人都是理性、明智、不感情用事的，理性人所追求的唯一目标是自身经济利益的最大化。可说到底，理性人假设毕竟只是一种简化问题的手段。一方面，它是对现实世界的一种良好近似，另一方面，它总是因为简化而存在相当的局限性。

让我先抛开简化假设的局限性，帮读者看清楚规范化模型的逻辑结构。读者应该至少可以认为规范性在逻辑上是较为完善的，即它经得起我们用**方法 2**对其进行反复检查。大名鼎鼎的期望效用理论（expected utility theory），就是在不确定条件下的规范性选择理论；而当人有着多重目标时，经济学家们常会用多属性效用理论（multi-attribute utility theory）来建立模型，这个理论就是多重目标设定下的规范性决策理论。前文提到过的所谓决策分析（decision analysis），就是对这些理论的直接应用，常见的分析工具包括决策树、马尔可夫模型、影响图、成本效益分析等，相信熟悉管理学和经济学的读者，对此已有一定的了解。

在决策研究(decision research)领域,传统的理论研究希望回答的是刚刚所说的三类问题中的前两类问题:

(1)规范性问题,即如何做出"最优决策";

(2)描述性问题,即"实际上"人们是如何进行决策的。

从认知层面来说,规范性理论的目标,是告诉人们"到底怎么做才是最优的",也就是说,人们要如何推理、做判断、进行决策,才是最好的做法。规范性理论涉及了逻辑性非常强的概率理论和决策理论,目的是为人们制定一系列法则,并认定只要我们遵守这些法则,我们的思想就是最理性的。很明显,这实际上是以某种强烈的价值判断标准为前提的规范分析。比如,我们每次掷骰子,从 1 到 6 的点数是随机出现的。按照规范性理论,当你看到一个骰子被掷出时,你对即将出现的结果的"最优"判断"必须是":从 1 到 6,这 6 个数字出现的概率相同,都是六分之一,约等于 16.7%。这就是该规范性理论所认定的"最理性""最优""最明智""最合理"的价值判断标准。

相比之下,更偏向于心理学的描述性理论,则是尽力将人类实际的思考过程清晰地描述出来。很多时候,一个人的行为并不是"最优的",因此,进行描述性理论研究的学者会认为,规范性理论提出的最优原则,其实与人类的理性没有什么关系。回到刚刚看别人掷骰子的例子。虽然读者可能已经有了规范性理论的想法,即认定从 1 到 6 每个数字出现的概率都约等于 16.7%,但是,如果此刻看到这个人铆足了劲,大力地挥手,特别猛烈地掷出骰子,也许大多数读者还是会禁不住地认为:这么大力地掷骰子,他应该"能"掷出点数更大的结果!此刻数字 4、5、6 出现的概率"应该"要高于 1、2、3 出现的概率。如果读者是非常理性的人,已经知道掷骰子的结果总是随机的,所得点数与掷出时的力量大小并无关联,但这些理性的读者至少也会觉得,这个掷骰子的人本意应该是"想要"得到更大的点数。

读者为什么会那样觉得呢？因为看到这个人掷骰子的时候特别用力。实验证明，当人们想要得到更大的点数时，掷骰子的力度确实更大。凭什么非要听规范性理论学家的话，让他们死板地规定"人们已知 6 个数字出现的平均概率都相同"？很多人就是会相信"大力出奇迹"，认为用更大的力量掷出骰子就可以帮助自己得到更大的点数，不可以吗？而且，如果所有人都有如此的举动，难道规范性理论学家有资格认定所有人都是不理性的？果真如此，就表明没有谁真正配得上他们所谓的理性，那这些"被规定出来的理性标准"又有什么用呢？

当然，每个人的立场不同，看待描述性理论的角度也会不尽相同。自认"讲道理"的人，若能"客观地"对待这个问题，通常会同意规范性理论学家们对"好""合理""理性""最优"的定义；而倾向于实用主义立场的人，常常会从实际角度出发，以"存在即合理"的眼光审视世界，采取更加"务实"一些的"宽容"标准。

于是我们又回到了本书起始部分提到的问题：到底什么才是理性？行文至此，我觉得我已足够有底气按照西蒙的满意原则来回答这个问题了。虽然理性这个名词概念本身存在争论，但至少我们可以认定，只要人们的思维状态或者行为符合一定的认知标准，就可以被称为是理性的（rational）。也就是说，我们已经基本上形成了可以达成共识的形容词定义了。既然不容易给出具体的定义，那就由我来为读者梳理一下不同定义的类别。

4.1.2　认识理性 vs. 行为理性

认知心理学家通常认为存在两种理性：**认识理性**（epistemic rationality）和**行为理性**（action of rationality）。认识理性主要包括**理性信念**（rational belief）和**理性推断**（rational inference）。理性信念总是基于普遍可靠的思维过程。而理性推断必定产生一个"对的"结论，或者至少是"有可能对"的结论。行为理性，则通常指人们所认为的"对的行为"。问题是,到底什么是"对"呢?

举个例子,A 和 B 是多年的朋友,他们在某次相聚的时候聊起了两人都熟知的 C 同学。B 告诉 A 说,C 前段时间被老婆发现与一位有夫之妇有染,昨天刚离婚,C 羞愧难当,最终净身出户。B 是个实在人,A 觉得 B 说的话从来都是可信的,所以,针对 B 刚刚说的关于 C 的婚姻悲剧,A 认为是真实发生的事情。A 和 B 两人都相信关于 C 的这件事是真实的——他们的这种信念就是理性信念。为什么是理性信念? 因为 B 相信他自己的记忆力足够好,表达上不容易出错,而 A 也相信 B 是诚实的。

A 和 B 推断现在 C 是个单身汉——他们的这种推断就是理性推断。因为两人的理性信念中包括"C 昨天刚离婚"这种信息,而通常情况下某人在离婚第二天就立刻与出轨对象结婚的可能性非常小,而且 C 的出轨对象也是已婚人士,所以 C 不太可能会立刻去迎娶对方。A 和 B 都表示,在接下来的日子里,要吸取 C 的教训。假设他们两人都非常珍惜现有的家庭生活,那么他们就会想要加倍珍惜身边的人。A 和 B 杜绝了灯红酒绿,减少了暧昧的社交——他们的这种行为就是理性行为。要实现"珍惜家庭生活"的目标,杜绝灯红酒绿并减少暧昧的社交,就是"对的""明智的""理性的",因为这样做有助于实现最终的目标。

4.1.3 理论理性 vs. 实践理性

前文已经讨论过理性的不同译法及其相关的表达习惯,而人们在生活中通常所说的**理性**(reason)[①],指的是**理论理性**(theoretical reason),即人们使用理性推断所得到的对这个世界的一些理性信念。而**实践理性**(practical reason)则与人们常说的"判断"有关,主要目的是为了选择理性的行为。

---

① 注意 reason 和 rationality 的区别,我们常说的推理(reasoning),就是从 reason 来的。

举个例子，一个男生爱上了一个女生。男生每天送女生一枝玫瑰花，而女生此时是有男朋友的，并非处于单身的状态。她只是偶尔在与现任男朋友闹别扭的时候才对这个追求者表现出兴趣。在外人看来，女生其实是把男生当成了感情上的"备胎"。男生在进行了一番推理之后，认定女生并不喜欢他。这个推理是基于女生平时的表现和男生的实际经验得出的，是科学合理的推理，既符合各种情场指南和恋爱手册提到的原则，也符合男生的母亲常说的"不能在一棵树上吊死"的道理——男生的这个推理就属于理论推理，符合理论理性。一旦男生通过理论推理得出了这个结论，他就应该使用实践推理做出判断，采取正确的行动——果断停止对女生的追求。当然，实践结论不一定来自理论结论。

极有可能发生的情况是，即使男生已经知道女生不喜欢他，他还是会坚持给女生送花。他为什么这样做？因为那很可能来自他的实践推理。第一，男生现在并没有发现自己爱上别的女生；第二，女生还没有彻底拒绝男生；第三，男生甚至有点享受被女生当成"备胎"的感觉。也就是说，根据实践推理，男生发现没有什么事情值得自己改变对女生的爱。即使他更希望女生真心喜欢自己，但他此刻也确实正在享受着与女生藕断丝连的交流——男生的这种推理是实践推理，符合实践理性。当人们使用理论推理得到一种"对"或"可能对"的信念时，这种理论推理确实是理性的；而在实践推理中，我们的目标是选择执行对我们来说"最好的行动"。

4.2　判断与决策学视角下的理性

4.2.1　达不到的标准就不是标准

在判断与决策学领域内，学者们更关心的是行为理性，以及在关于行为的决策中对我们有用的那些判断。因此,实践理性和实践推理是判断与决策学的学者研究的重点之一。研究判断与决策学常常需要预设一个理性定义,这个定义可以让"理性行为"成为判断与决策学深层次上的根本或主体——它就是所谓的**工具理性**(instrumental rationality),关于它的这种观点被称为理性的工具性观点。我们可以这样说,认识理性和工具理性的区别在于,前者关乎什么是对的,而后者关乎做什么。根据理性的工具性观点,"实现目标"是最主要的,而理性信念和理性推断则是次要的;后两者是此中衍生出来的事物,所以不是判断与决策学关注的重点。

工具理性的根本标准,是有实现目标的可靠方法。目标可以是挣钱、脱单、升职。从外部来看,这些目标都是比较客观的东西,却未必是"所有理性的人都会一致同意"的东西。比如,站在"理性只是工具"的角度,一个人"想要谈恋爱"是理性的,可这并不意味着与之存在时间、精力和金钱冲突的"好好学习""锻炼身体""孝敬父母"就不够理性。人有主观的欲望,而且每个人都有与其他人不同的偏好。大卫·休谟曾说的"理性只是热情的奴隶",指的就是这一点。

从大卫·休谟开始,到后来的欧洲经验主义和实用主义思想家,许多人都持有工具主义的观点。西蒙曾说,理性全然是工具性的,无法告诉我们往哪里去,最多只能告诉我们如何到那里——理性就像一支枪,可以帮助好人,也可以让坏人获益。西蒙与休谟一样,在谈到理性的时候,总是在提醒我们藏在理性背后的热情和目标。理性无法告诉一个人抽烟是不是好事,但是当他抽烟的时候,理性能让他想尽办法抽更多的烟,用更爽的方式抽烟,尽可能地让自己获得更愉悦的感受。此时的理性只是一个工具,所以我们称之为工具理性。

规范性理论及其法则,就如同逻辑标尺,只能给出理性的标准;规范性决策理论,就是为将人们的满意度最大化而制定规则——此时用于测量目标满意度的,就是主观效用(subjective utility)。决策理论属于规范性理论，决策理论的法则就是为了让人们的主观期望效用最大化而被制定出来的。

规范性的决策理论在很多情况下都"要求过高"，"需要"人们具备超强的计算能力和自控能力才能做出符合逻辑的判断。如果人们明白吃太多零食的坏处，那么根据规范性的决策理论——吃零食的主观效用低，去健身房的主观效用高——既然理性人追求的是主观效用最大化，那人们就应该去健身房。可是，能做出这种决定的人，往往要尽全力克制自己吃零食的欲望，而"克制欲望"本身是要耗费精力和能量的！ 所以，根据工具理性的定义，规范性的决策理论需要得到批判和审视。

坚持工具理性的学者们认为，研究规范性问题的理论，普遍都对人们要求太高，而且根据对现实的观察来看，这些理论所能发挥的作用也很小。这似乎对应了人们常说的那句话：道理谁都懂（多数人都具备认识理性），但就是不愿去干（实践理性在起作用）。

4.2.2　满足策略

前文提到，西蒙认为人只具备**有限理性**，所以人们必须采用"**满足**"而非"**最优**"的做法①。"满足"对应的英文是 satisficing，它的意思是"追求符合最低要求的满意结果"；而在当下炙手可热的人工智能领域，它指的是"获取满足所给定的约束条件的解"，也就是说，即使这个解不一定是最优解，但只要能满足最低要求，就要选择这个解。这种策略违背了试图将主观期望效用最大化的原则，所以并不符合规范性决策理论的要求。但这更接近真实的生活，它才是现实世界真正的样子。

那么，世界上的人为什么大多采用这个策略呢？

首先，人们未必每时每刻都需要在每一件事情上求得最优解。

---

① Augier M, March J G, et al. Models of a man: essays in memory of Herbert A. Simon[M]. Cambridge: MIT Press, 2004.

购买奢侈品的时候,也许有很多消费者会货比三家,但如果只是买普通的商品,一般很少有人会等到折扣季再出手。毕竟,即便是"等待"这件事,也是要耗费人的时间和精力的。

举个例子,大学生小薛看上了男装店里的一套精致西服。折扣季尚未到来的时候,每次经过这家店,他都要控制此刻的购物欲望,告诫自己不能冲动消费;打听不到折扣季的开始时间,他总是跟朋友们念叨这件事,甚至会直接对店员表明态度,抱怨他们怎么还不打折;他必须时刻关注这家店的动态,要在折扣季的早期赶到店里去,去晚了,数量有限的货品可能就被其他人买走了。如果小薛终于如愿以偿,以便宜的价格买到了那套西服,那么,他的行为就符合规范化的决策理论,因为他实现了主观效用的最大化。此时我们可以认为,小薛以上的做法都是"对的""合理的""明智的"。

但如果小薛想买的不是昂贵的精致西装,而是一支便宜的铅笔呢?年轻消费者可支配的收入有限,但往往有比较多的空闲时间,所以,相比于节省时间,节省金钱对小薛来说才是更重要的。按照规范性决策理论,此时小薛"最优"的做法应该是:不在学生公寓楼下的店铺里购买价格稍高的铅笔,而是选择步行 20 分钟,前往距离稍远的大型超市里购买价格更低的铅笔——因为前者的售价可能是后者的两倍。

问题是,如果他没有那么多时间和精力去比对价格,怎么办? 即便小薛知道附近店铺的商品价格更高,可如果他"压根没琢磨这件事""没有想这么多""没有心思权衡",怎么办? 或者,虽然小薛收入有限,可如果他对这节省下来的几块钱并不敏感,又该怎么办? 人们的信念和判断在很多情况下都是"模糊的""懒惰的"状态——人们只求"差不多"能让自己"满足"就好了,并非始终追求"最优"。

其次,即使想要凡事都求得最优解,也常常是难以实现的。

退一步讲,就算小薛事事追求完美,总是乐于使用规范化的决策理论,也永远无法做到"时时""事事"完美地应用这些理论。造成应用困难的原因有很多,可能是因为计算量太大,可能是因为列出的方程并没有解;更有可能是因为获得最优解所需要的时间太长,还没等到他获取最优解,需要判断与决策的时机已经过去了。这时,小薛就需要用到启发式,在有限理性和实施满足策略的条件下进行推断和决策。启发式之所以很好用,是因为它几乎毫不费力,速度快而且用起来比较靠谱——既能让人达到"满足"的状态,又能节省人们大量的时间和精力。

举个例子,名牌服装店里走进来一位全身都是奢侈品的女性顾客。当销售人员发现这位女性顾客时,他们更倾向于做出这样的判断——眼前的顾客很可能是个有钱人,有很高的概率在本店消费,她消费额越高,我的提成就越多,所以我要对她热情一些。这就是特&卡所谓的**可得性启发式**(availability heuristic)。

销售人员做出的判断是否是错误的? 当然有可能是错误的,正所谓"人不可貌相",有钱人未必总是将自己打扮成有钱的样子。我们有非常多的俗语,在讽刺那些只懂得使用可得性启发式的人。极端的情况下,如果有一位刚从热带雨林探险归来的富六代,满脸胡碴,衣衫褴褛,那么当他走进这家店,销售人员很有可能根据可得性启发式,认为"这个邋遢的穷鬼肯定不会在本店消费",因此很可能会怠慢他。

虽然在极端情况下销售人员会错过可能带来大单的顾客,但我们至少可以认为,可得性启发式是具备吉仁泽所谓的生态效度的。这种启发式,按照规范化的决策理论,是容易导致人们发生错误判断的,可是,要让销售人员对每一位顾客都保持同样高度的热情是不现实的,即使销售人员实际上真能做得到,对他们来说也是不经济、不划算的。

4.2.3　本能 vs. 理性

从进化心理学的角度看,工具理性的观点也是站得住脚的。自然选择和性选择"使得"进化只重视欲望而忽视理性,因为理性对于人类的生存来说并没有那么重要。会算术的理性智人,如果不为了填饱肚子而去狩猎,是无法生存下来的,因为算术能力是没办法让智人吃饱的。人类进化出推理的能力,无非是要帮助自己与他人进行合作,更好地沟通,更多地创新,更高效地做计划,最终目的还是要获得资源,完成繁殖。理性,只不过是一种帮助人类生存下来的工具而已——这与判断与决策学的工具理性立场相契合。

在大多数情况下,相信原始的本能,要比相信理性更划算。依靠启发式且顺应直觉的人,他们的后代才能活到今天;而认为启发式不够精确,试图全然——其实也不可能真正做到——依靠理性的人,估计早已被自然选择淘汰了。看见老鼠就会逃开的人,有可能只是当初被老鼠咬了一口,所以多年来一直害怕,从而形成了条件反射般的启发式而已[1]。这种害怕是"理性的"吗? 大多数情况下都不是。

老鼠看见人的时候,它的恐惧程度并不比人在看见老鼠时的恐惧程度低。动物学家早就指出,多数动物的攻击行为都源于恐惧。老鼠咬人,是因为它非常害怕人。人又为什么一定要逃开呢? 没有证据表明,老鼠见了人就一定会咬,更多的情况是,老鼠见了人总会躲着人逃走,因为老鼠是更感到害怕的一方。看见老鼠就会逃开的人,并没有办法证明逃开的行为是"对的""正确的""明智的",但是大多数人还是选择逃开了。

到了今天,很多人并没有被老鼠咬过的经历,可当他们看见老鼠,甚至只是看到老鼠的照片或玩具老鼠时,还是会吓一跳。这样的行为符合"理性"吗? 显然不符合。他们只是具有怕老鼠的"本能"。早年间那些没有这种本能的人,也许即使没有被老鼠咬死,也早已死于鼠疫。所以大卫·休谟说,进行普通的因果判断时,相信理性还不如相信本能。

---

[1] 这类拉马克主义的论调是错误的,我在此只是采取了人类语言中在行文时不得不采取的意向立场。我必须表明自己的立场:首先,意向立场是"无奈之举";其次,拉马克主义是需要警惕的。

本能是特定域的。所谓**域**（domain），指的是领域，可以专指某个规则或某种控制能起作用的领域和范围。对应每一种类型的问题，我们都具备相应的本能。"看见老鼠就逃开"是一种本能，但是这种本能在"追求恋爱对象"的领域里可能没有什么用，因为这种本能只针对老鼠有作用，是特定域的本能。另一个典型的本能是"人脸识别"，但就连这种基础的本能，也更多地针对特定的种族。比如，在一个地地道道的中国人的眼中，所有白种人都很难分辨，在他看来，可能每个白人都长得差不多，但这个中国人却能把隔壁邻居家的双胞胎分辨清楚。这种能力是一种本能，但同时是针对特定域起作用的。当然，在识别猪脸或猴脸的时候，这种本能更不可能起到作用。

针对特定内容或特定域的启发式，是内含在其对应的这种本能之中的。在销售人员识别顾客财产水平的过程中，他们的可得性启发式是有用的。尽管在 5% 的情况下会发生错判，但销售人员的这种启发式仍然具有生态有效性。这种有效性，并不意味着所有域都是相同性质的，因为毕竟所有域都有一定的变化。特&卡通过实验证明，在某些特定的条件下，几乎所有的启发式都会失败，也就是说，启发式导致的结果与规范性决策理论所给出的标准答案相去甚远。当然，这些特定的条件，未必是常见的环境条件。如若不然，人类又是如何生存至今的呢？

4.3 三种模型

前文已经解释过规范性模型和描述性模型，而判断与决策学研究的任务之一是将人的判断——也就是描述性模型——与规范性模型进行比较。如果两者之间存在某种系统性的差异，就称之为**偏差**（bias）。

对于 bias 这个词，国内的翻译比较混乱，常见的主要有"偏倚""偏见"

"偏差"三种译法。偏倚，多指测量值与真值的偏离，比如在医学领域，偏倚与系统误差会导致人们错误描述暴露与疾病之间的联系。偏见，多与文化相关，指的是根据浅表或虚假信息判断失误的现象，比如在心理学领域的社会学习研究中，偏见可用于形容与种族、性别、政治倾向相关的歧视。偏差，既可以对应 bias 一词，又可以对应 deviance 一词。将 deviance 译为偏差的情况更为常见，一般用于描述预测值或估计值的期望与真实值之间的差距；而对应 bias 的偏差，反应的是两个事物之间的区别，比如在机器人学习领域的研究中，学者们常把 bias 翻译为偏差，表示模型在样本的输出值和真实值之间的误差。在判断与决策学领域，bias 多指描述性模型与规范性模型之间的差异，所以我在此统一译为偏差。

判断与决策学领域的学者们试图找到修正偏差的方法，以期提高人的判断水平，使之更接近最优解。为了这种修正而做出指示的模型，就被称为**指示性模型**（prescriptive model）。

当然，没有人能够制定标准，统一认定规范性模型的结果就是"更好的"；谁也不能保证接近了最优解就一定能让人感到幸福。如前文所述，判断与决策学的学者对"什么是更好的"这个问题表现得很谨慎，这就是为什么我宁愿把 bias 翻译成"偏差"，也不愿意将其翻译成带有些许贬义的"偏见"。但不管怎样，要不要把这些偏差当成"不好的"东西，全凭每个人自己的意愿。要不要认为指示性模型能"改善"自己的判断，也全凭每位读者的需要而定。

通常情况下，我们认为优秀的描述性模型能产生优秀的指示性模型。规范性模型是基本不变的，它总是为了给出最优解而存在，就像一把尺子或一个标杆。描述性模型是对人们真实的判断与决策过程的一种反映，其内容更真实，更贴近现实世界里发生的现象。经过尺子的丈量之后，所有的欠缺和偏倚都是清晰明确的，那么，接下来的指示性模型就更容易产生，也更有可能为"如何补足所欠缺之物"给出有益的帮助和指导。

　　对规范性模型的讨论多属于哲学的范畴，是哲学反思和分析的结果。规范性模型，得不到人们在做特定活动时产生的数据，只能依靠人们——更多的是专家们——内心"应该如何做"的直觉。如果离开哲学而诉诸各种与现实密切相关的研究，我们根本得不到所谓的规范性模型。比如，如果既不借助人类爱想象的大脑，又抛开几何学，其实我们很难在现实世界中找到一个完美的圆形。在现实世界中，人们的行为很少是"最优的"。那些"次优的""不明智的"甚至是"愚蠢的"行为，才是描述性模型所要研究的内容。

　　描述性模型必然属于心理学的范畴。心理学要描述人们在判断与决策过程中具体表现出怎样的行为，而且要解释这些行为所反映的判断过程。指示性模型多见于应用学科的相关领域，比如临床心理学。在判断与决策学研究中，没有某个单一的学科专门研究指示性模型。决策分析研究——注意，不是特指"规范性的决策分析"，不专指规范性模型——可能最接近指示性模型的研究，即使用各种公式和电脑程序来帮助人们进行决策。教育学对指示性模型也多有涉及，比如有学者会利用各种教学法，教会学生应用指示性模型的结论，并以此来改善判断质量。

　　为什么规范性模型是合理而值得重视的？此中的原因，听起来似乎稍显霸道：因为人类为自己强加了一种分析框架。人类非要"规定"$1+1=2$，有什么道理吗？好像没有人能说清楚为什么非要这样规定。$1+1$一定等于2吗？一滴油＋一滴油，结果还是一滴油。一个男人＋一个女人，结果可能是三口或四口之家。一根火柴＋一盘烟花，结果出现了满天光影，然后什么都没有了。

　　不管怎样，人类一旦接受了这个框架，就必须用逻辑来进行推理了。而这种所谓的逻辑，也是人类强加给自己的。我们可以说，没有什么规范性模型是神圣、无上、不可侵犯、代表着绝对真理的。但是，这些我们强加给自己的假设，正是"让人之所以为人"的假设。河马不明白$5+4=9$，鲶

鱼不明白 $9-5=4$,因为它们从一开始就没给自己强加一个 $1+1=2$ 的框架,也没有给自己强加一个"连续让 9 个 1 相加就等于 9"的逻辑。这些框架和逻辑使得人与其他动物有所区别,然后我们说,人是一种基于信念和欲望进行判断与决策的生物;而河马和鲶鱼,还只是欲望的奴隶[①]。

除此之外,我们还可以通过**反思的均衡**(reflective equilibrium)来确认规范性模型的正当性。这是由著名伦理学家约翰·罗尔斯(John Rawls)提出的分析工具[②],指的是通过对一种正义观的反复比较,反复修正,达到与社会流行的、正为大众所考虑的正义判断相接近的状态。人类的语言规则,是由人类的心理学决定的。语言规则随着人类的心理能力和性情改变,而人类的心理能力和性情也要反过来不断适应新的语言规则。所以,到底什么是最优的、什么是规范性的,可能一直在随着人类的进化而发生改变。人做决定,是为了实现目标,获得人们认为是"好"的东西,至于每一个选项发生的概率、好处、赋值,都还只是次要的东西。这是一种分析的方式,不管这种方式得到的东西能不能被称为"规范性模型",本质上都只是让人们去面对当初的那个问题而已,所以叫什么名字,并不重要。

---

① 这显然是人类沙文主义的论调,我只是拿出来讽刺——毕竟这一切的背后是不可捉摸的不确定性!

② Rawls J. A theory of justice[M]. Cambridge:The Belknap Press,1999.

参考文献

［1］李纾.决策心理：齐当别之道［M］.上海：华东师范大学出版社,2016.

［2］王晓田,陆静怡.进化的智慧与决策的理性［M］.上海：华东师范大学出版社,2016.

［3］尼克·威尔金森.行为经济学［M］.贺京同,等译.北京：中国人民大学出版社,2012.

［4］达尔文.物种起源［M］.苗德岁,译.南京：译林出版社,2013.

［5］侯世达.哥德尔、艾舍尔、巴赫：集异璧之大成［M］.《哥德尔、艾舍尔、巴赫：集异璧之大成》翻译组,译.北京：商务印书馆,1997.

［6］尤瓦尔·赫拉利.人类简史：从动物到上帝［M］.林俊宏,译.北京：中信出版社,2017.

［7］肯·福莱特.巨人的陨落：第一卷［M］.于大卫,陈杰,译.南京：江苏凤凰文艺出版社,2016.

［8］蓝诗玲.鸦片战争［M］.北京：新星出版社,2015.

［9］大卫·休谟.人性论（上册）［M］.关文运,译.北京：商务印书馆,1980.

［10］弗里德里希·哈耶克.科学的反革命：理性滥用之研究［M］.冯克利,译.南京：译林出版社,2012.

［11］路德维希·冯·米塞斯.人的行为［M］.夏道平,译.上海：上海社会科学院出版社,2014.

[12] 罗伯特·威廉·福格尔,斯坦利·恩格尔曼.苦难的时代——美国奴隶制经济学[M].颜色,译.北京:机械工业出版社,2016.

[13] 马尔科姆·格拉德威尔.眨眼之间:不假思索的决断力[M].靳婷婷,译.北京:中信出版社,2011.

[14] 罗尔夫·多贝里.清醒思考的艺术:你最好让别人去犯的 52 种思维错误[M].朱刘华,译.北京:中信出版社,2013.

[15] 柏拉图.裴洞篇[M].王太庆,译.北京:商务印书馆,2013.

[16] 马修·利伯曼.社交天性:人类社交的三大驱动力[M].费拥民,译.杭州:浙江人民出版社,2016.

[17] 卢梭.爱弥儿[M].李平沤,译.北京:商务印书馆,1978.

[18] 阿马蒂亚·森.理性与自由[M].李风华,译.北京:中国人民大学出版社,2006.

[19] 格尔德·吉仁泽.直觉:我们为什么无从推理,却能决策[M].余莉,译.北京:北京联合出版公司,2016.

[20] 格尔德·吉仁泽.适应性思维:现实世界中的理性[M].刘永芳,译.上海:上海教育出版社,2006.

[21] 丹尼尔·卡尼曼.思考,快与慢[M].胡晓姣,译.北京:中信出版社,2012.

[22] Qi L, Gonzalez C. Mathematical knowledge is related to understanding stocks and flows: results from two nations[J]. System Dynamics Review, 2015, 31(3): 97 - 114.

[23] Gonzalez C, Qi L, Sriwattanakomen N, et al. Graphical features of flow behavior and the stock and flow failure[J]. System Dynamics Review, 2017, 33(1): 59 - 70.

[24] Qi L, Gonzalez C.Math matters: mathematical knowledge palys an essential role in Chinese undergraduates' atock-and-flow task

performance[J].System Dynamics Review，2019，35(3)：208 - 231.

[25] Hammond K. Beyond Rationality: the search for wisdom in a troubled time[M]. New York: Oxford University Press，2007.

[26] Diaconis P，Skyrms B. Ten great ideas about chance[M].Princeton: Princeton University Press，2018.

[27] Pascal B. Blaise pascal: thoughts，letters，and minor works[M]. New York: Cosimo Classics，2007.

[28] Simon H A. Administrative behavior[M].4th ed. New York: Free Press，1997.

[29] Scully R J，Scully M O. The demon and the quantum: from the Pythagorean mystics to Maxwell's demon and quantum mystery [M]. 2nd ed. Weinheim: Wiley-VCH，2010.

[30] Brown R. Rational choice and judgment: decision analysis for the decider[M]. New Jersey: Wiley-Interscience，2005.

[31] Simon H A. Models of bounded rationality: emperically grounded economic reason[M]. Cambridge: MIT Press，1997.

[32] McInerny D Q. Being logical: a guide to good thinking[M]. New York: Random House Trade Paperbacks，2005.

[33] Popper K. The logic of scientific discovery [M]. New York: Routledage，2002.

[34] Berlin I. The proper study of mankind: an anthology of essays[M]. New York: Vintage Classics，2013.

[35] Barker R G. Ecological psychology: concepts and methods for studying the environment of human behavior [M]. Stanford: Stanford University Press. 1968.

[36] Mitchell M. Complexity: a guided tour [M]. Oxford: Oxford

University Press，2009.

[37] Banerjee A，Chitnis U B，Jadhav S L，et al. Hypothesis testing，type I and type II errors[J]. Industrial Psychiatry Journal. 2009（18）：127－131.

[38] Mukherjee S. The emperor of all maladies：a biography of cancer[M]. New York：Scribner，2011.

[39] Dawkins R. The selfish gene：40th anniversary edition[M].Oxford：Oxford University Press，2016.

[40] Randers J. 2052：a global forecast for the next forty years[M]. White River Junction：Chelsea Green Publishing，2012.

[41] Hothersall D. History of psychology[M].New York：The McGraw-Hill Education，2004.

[42] Hofstadter D，Sander E. Surfaces and essences：analogy as the fuel and fire of thinking[M]. New York：Basic Books，2013.

[43] De Waal F. Our inner ape：a leading primatologist explains why we are who we are[M]. New York：Riverhead Books，2006.

[44] Hammond K. Beyond rationality：the search for wisdom in a troubled time[M]. Oxford：Oxford University Press，2007.

[45] Hume D. A treatise of human nature[M]. New York：Dover Publications，2003.

[46] Bor D. The ravenous brain：how the new science of consciousness explains our insatiable search for meaning[M]. New York：Basic Books，2012.

[47] Seung S. Connectome：how the brain's wiring makes us who we are[M]. New York：Penguin，2013.

[48] Gallo M. Louis XIV，tome 1：the sun king[M]. Paris：XO

Editions，2007.

[49] Ulvik R J. Bloodletting as medical therapy for ? 500 years[J]. Tidsskrift for Den norske legeforening，1999，119(17)：2487 – 2489.

[50] Vadakan V V. The asphyxiating and exsanguinating death of president george washington[J]. The Permanente Journal，2004，8(2)：76 – 79.

[51] Schnakenberg R. Secret lives of great authors: what your teachers never told you about famous novelists，poets，and playwrights[M]. Philadelphia：Quirk Books，2014.

[52] Parapia L A. History of bloodletting by phlebotomy[J]. British Journal of Haematology，2008，143(4)：490 – 495.

[53] Russell B. The problems of philosophy[M]. North Charleston：Createspace Independent Publication，2014.

[54] Todd F J，Hammond K R. Differential feedback in two multiple-cue probability learning tasks [J]. Behavioral Science，1965，10：429 – 435.

[55] Schmitt C. Dictatorship[M]. Cambridge：Polity，2013.

[56] Oakley F. Natural law，laws of nature，natural rights[M]. London：Continuum International Publishing Group，2005.

[57] Watts D J. Everything is obvious: once you know the answer[M]. New York：Crown Business，2011.

[58] Hogarth R. Educating intuition[M]. Chicago：The University of Chicago Press，2001.

[59] Gigernzer G. Risk savvy: how to make good decisions[M]. New York：Viking，2014.

[60] Plott C R，Smith V L，et al. Handbook of experimental economics results[M]. Amsterdam：North Holland，2008.

[61] Jantathai S, Danner L, Joechi M, et al. Gazing behavior, choice and color of food: does gazing behavior predict choice? [J] Food Research International, 2013, 54: 1621 - 1626.

[62] Baggini J, Fosl P S. The ethics toolkit: a compendium of ethical concepts and methods[M]. New Jersey: Wiley-Blackwell, 2007.

[63] Weir A. The life of of elizabeth I [M]. New York: Ballantine Books, 1999.

[64] Goldsworthy A. Caesar: life of a colossus[M]. New Haven: Yale University Press, 2008.

[65] Frankopan P. The silk roads: a new history of the world[M]. New York: Vintage, 2017.

[66] Le Bon G. The crowd: a study of the popular mind[M].Mineola: Dover Publications, 2002.

[67] Dhami M K, Hertwig R, Hoffrage U. The role of representative design in an ecological approach to cognition[J]. Psychological Bulletin, 2004, 130(6): 959 - 988.

[68] Brunswik E. Representative design and probabilistic theory in a functional psychology[J]. Psychological Review, 1955, 62(3): 193 - 217.

[69] Brunswik E. In defense of probabilistic functionalism: a reply[J]. Psychological Review, 1955, 62: 236 - 242.

[70] Peterson C R, Beach L R. Man as an intuitive statistician[J]. Psychological Bulletin, 1967, 68(1): 29 - 46.

[71] Simon H A. Models of thought: volume I[M]. New Haven: Yale University Press, 1979.

[72] Simon H A. A behavioral model of rational choice[J]. Quarterly

Journal of Economics，1955，69：99 - 118.

[73] Carlson N R. Foundations of behavioral neuroscience, 9E[M] London：Pearson Education，2014.

[74] Rapoport A. Decision theory and decision behaviour：normative and descriptive approaches[M]. New York：Springer，1989.

[75] Gigerenzer G. From tools to theories：a heuristic of discovery in cognitive psychology[J]. Psychological Review，1991，98：254 - 267.

[76] Stone J V. Bayes' rule：a tutorial introduction to bayesian analysis [M]. Bergamo：Sebtel Press，2013.

[77] Gigerenzer G，Goldstein D G. Reasoning the fast and frugal way： models for bounded rationality[J]. Psychological Review，1996， 103：650 - 659.

[78] Dehaene S. The number sense：how the mind creates mathematics [M]. Oxford：Oxford University Press，1997.

索　引

后　记

　　犹记得 2013 年我以联合培养博士生的身份初到动态决策实验室 (Dynamic Decision Making Laboratory，DDMLab)时，实验室主任克洛蒂尔·科蒂·冈萨雷斯(Cleotilde Coty Gonzalez)在多次与我讨论之后才肯确定属于我的研究课题。当时的我并不太明白其中的原因，毕竟在我之前的科研经历中，研究课题常常是由导师或更高一级课题组的负责人指定给我的，我本人的意愿和乐趣从来不是需要考量的首要因素。科蒂这种友好的姿态竟让我一时难以适应，我甚至一度产生过这样的念头：她是否根本就没有对应的资源提供给我？难道她连自己的研究方向都没确定？

　　在后续的科研过程中，我深深地体会到了她的用意。我们曾聊过很多研究方向，一对一讨论常常能持续数小时，而讨论的内容基本上都是抽象、基础、距离应用研究有一定距离的。当她发现了这种趋势之后，认为我可能更倾向于做基础研究，更乐于为科学本身做出力所能及的贡献，而不是去热情地创造短期可见的现实价值。这种趋势本身没有什么问题，但这也意味着，如果我对研究的主题兴趣不够浓厚，就很难走得更远。

　　果然，后来的我越来越喜欢学科交叉型研究，思考的问题越来越抽象，看的书也越来越杂。在写作此书时，我蓦然回首，禁不住感叹：求知路上，兴趣至关重要。若不是选择了一个令自己真正乐在其中的主题，我大概早已丧失推进下去的欲望，彻底回归到应用研究的轨道上了。

陆游有诗云："古人学问无遗力，少壮工夫老始成。"在基础研究中，我从未苛求能在自己白发之前取得任何足够深刻的进展，此书也只是阶段性的评价和总结，肤浅的理解必然多现。"纸上得来终觉浅，绝知此事要躬行。"由此，就算不成熟之处尚未完全规避，我也只能硬着头皮先拿出来，故作淡定地自称"吾长见笑于大方之家"了。

在创作本书的过程中，我得到了许多人的帮助。首先，我对埃贡·布伦斯维克的高徒肯尼斯·哈蒙德表示最诚挚的谢意。哈蒙德 2007 年在牛津大学出版社出版的著作《超越理性：在艰难的时代寻找智慧》（*Beyond Rationality: the Search for Wisdom in a Troubled Time*），给了我很大的启发。未曾谋面，只能遥羡。虽然从普遍意义上来说，对于那些肯把牢底坐穿的基础研究者来说，任何时代都是艰难的，但对真理，哪怕是暂时性真理的追求，总能让他们在求知的快乐中走下去。

感谢顾政平老师，若不是他一再大力建议将此书出版，并为我和编辑之间搭起沟通的桥梁和平台，我可能早就放弃出版的意愿了。

感谢上海交通大学出版社杰出的编辑们，他们认真工作的态度和对本书热情的响应，也令我这个重度拖延症患者重拾信心。感谢不辞辛苦为本书进行反复修订的人们，是他们让我对严重下降的中文写作能力有了清醒的认识，让我为能得到他们的帮助而感到万分庆幸。

感谢我博士期间的导师刘晓荣（Xiaorong Gloria Liu）教授，她刻苦奋斗的精神，始终激励着我做一个有耐心的科研工作者，而她对我多年的栽培和帮助，让我对学术之路越来越有信心。本书的出版得到了刘教授主持的军队重点项目（BHJ14L010）以及我本人负责的上海市浦江人才计划项目（15PJC097）"动态系统累积变量的理解与感知研究"的资助。

感谢为我创作本书甚至我的成长之路提供精彩建议的同事们。他们是来自 DDMLab 的 Cleotilde Coty Gonzalez，Hau-yu Wong，Michael Yu，

Frederic Moisan，Jason Harman，Noam Ben-Asher，Katja Mehlhorn，Vincent Becker，Emmanouil Konstantinidis，来自中国人民解放军海军军医大学的张鹭鹭、秦超、吴耀民、陈千、刘源、邓月仙、江雷、张义、秦尚谦、刘建、刘文保、张卫、刘旭、冯逸飞、康鹏、薛晨、胡超群、栗美娜、唐碧涵、丁陶、戴志鑫、顾洪、刘豪、彭旭娇、宋琦、景凡伟、顾仁萍、陈霄、柯学峰、孙庆文、牛冬梅，以及我始终尊敬的陈国良教授。

最后，感谢我的太太，陈娟然女士。感谢她在我求知之路上的用心陪伴，以及在我撰写篇幅或长或短的任何书稿时表现出来的令人惊奇和赞叹的极大耐心。

齐 亮

2020 年 3 月于上海